超有趣的科学小实验

Arduino
＋
图形化编程

王克伟　　徐　亮

张正富　　徐　晖

编著

化学工业出版社

·北京·

内容简介

本书依托小学/初中科学及青少年科技教育中实验教学的内容，采用全彩图解、情境导入的形式，通过 16 个生动有趣的案例，介绍了利用物灵板和格物编程平台进行科学小实验的思路及技巧。内容包括：时间的开始、运动的快慢、杠杆的平衡、摩擦力与质量的关系、日食与月食、地震报警器、谁热得快、谁能传播声音、"看得见"的声音、超声波测速、向日葵的生长、风车转转转、自动门、声光双控灯、智能浇花神器、智能导盲系统。

本书适合科学爱好者、小创客、中小学生等学习使用，也可以用作中小学或培训机构中科学、信息技术等相关课程的教材及参考书。

图书在版编目（CIP）数据

超有趣的科学小实验：Arduino+图形化编程 / 王克伟等编著 . -- 北京 : 化学工业出版社，2025. 4.

ISBN 978-7-122-47369-1

Ⅰ. N33-39

中国国家版本馆 CIP 数据核字第 2025CD8669 号

责任编辑：耍利娜　　　　　　　　　　文字编辑：侯俊杰　温潇潇
责任校对：王鹏飞　　　　　　　　　　装帧设计：王晓宇

出版发行：化学工业出版社（北京市东城区青年湖南街 13 号　邮政编码 100011）
印　　装：天津市银博印刷集团有限公司
850mm×1168mm　1/32　印张 $6\frac{1}{2}$　字数 144 千字
2025 年 6 月北京第 1 版第 1 次印刷

购书咨询：010-64518888　　　　　　售后服务：010-64518899
网　　址：http://www.cip.com.cn
凡购买本书，如有缺损质量问题，本社销售中心负责调换。

定　　价：46.00 元　　　　　　　　　　版权所有　违者必究

本书采用图形化编程软件，通过详细的图文讲解，配合丰富的示例让读者全面体验图形化编程在科学探究中的价值和功能，通过与软件的互动功能进行科学探究类互动设计，增强了学习编程的趣味性。让读者借助 Arduino 的多方面学习，将科学探究、人机交互等最新图形化编程的知识和技能逐一展开，让读者在编程中体验科学探究的乐趣，感受在解决问题的过程中挑战成功的喜悦，逐渐提高创新能力和实践能力，让孩子有足够的能力去设计、创造未来的世界。

本书共 16 课，设计了时间的开始、运动的快慢、杠杆的平衡、摩擦力与质量的关系、日食与月食、地震报警器等项目，揭示力和运动背后的故事。利用温度传感器探究热的秘密。利用声音传感器、光线传感器设计了谁能传播声音、"看得见"的声音、超声波测速、自动门等项目，体验声光之妙。利用电流传感器和滑动变阻器等构成完整电路，在持续的探索中感受电的魅力。此外，智慧农业项目带领读者感受科技进步带来的巨大变化，探究更安全和便利的生活。

Arduino 产品和图形化编程的结合，能够激发读者对科学的无限想象。同时丰富的课程，让读者发现图形化编程和科学探究的魅力，在一个个的科学探究项目创作中，提升信息素养和实践创新能力，为读者持续学习奠定坚实的基础。

本书为山东省教育科学"十四五"规划课题"小学阶段科技教育课程开发与实践创新研究"（课题编

号：2023ZC038）阶段性研究成果、青岛市教育科学"十四五"规划 2023 年度教师专项一般课题"新课标背景下小学科学'四层八步'教学模式研究"（课题批准号：QJK2023D072）成果。

本书编著者皆为学校一线信息科技、科学教师，其中王克伟为山东临沂龙腾小学信息科技教师、曲阜师范大学教育学院在读教育博士，徐亮为山东青岛市北区第二实验小学科学教师，张正富为山东临沂龙腾小学信息科技教师，徐晖为山东临沂郯城县实验中学信息科技教师。他们有着丰富的教育教学经验，深知学习者的心理，能够科学安排学习内容。

由于编著者水平有限，书中难免存在不妥之处，还望广大读者批评指正。

编著者

目录 CONTENTS

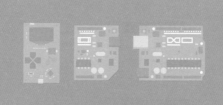

第 1 课
时间的开始

实验背景 ◎┄┄┄┄┄┄

　　古代的人们利用日出日落来安排作息，使生活变得有规律。为了更精确地判断时间，人类发明圭表和日晷等计时工具，但圭表和日晷等太阳钟在阴天或夜间就失去效用，为此人们又发明了刻漏，但因刻漏中的水冬天易结冰，故又改用流沙驱动，也就是沙漏。

实验任务 ◎┄┄┄┄┄┄

　　在科学课中，我们可以使用细沙、果冻盒等简单材料和工具制作沙漏，使沙漏实现预期的计时功能。我们还可以使用物灵板、按键、LED 灯和蜂鸣器制作一个仿照沙漏的计时器，随意设置倒计时时间，按下按键沙漏开始计时，绿灯亮起；当沙漏漏完，计时结束，蜂鸣器报警，红灯亮起。

材料和工具 ◎┄┄┄┄┄┄

　　◎ 物灵板 1 块
　　◎ 蜂鸣器 1 个
　　◎ 绿色按键 1 个
　　◎ 红色 LED 灯 1 个
　　◎ 绿色 LED 灯 1 个
　　◎ 数据连接线 1 根
　　◎ 杜邦线若干
　　◎ 安装有格物编程软件的电脑 1 台

（一）硬件连接

主控板与各器件的连接如下表所示：

主控板	按键	蜂鸣器	红色 LED	绿色 LED	功能
5V（V）	VCC	VCC	VCC	VCC	电源正极
Gnd（G）	GND	GND	GND	GND	电源负极
D13（S）			S		数字接口
D12（S）				S	数字接口
D8（S）	S				数字接口
D2（S）		S			数字接口

连接完成如下图所示。

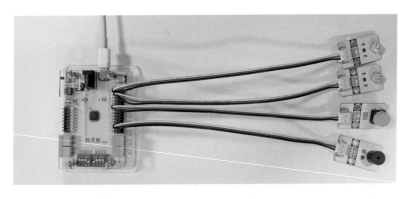

（二）程序设计

1. 创建角色

使用默认舞台，删除默认的诸葛亮角色，接着我们来创建新的角色，单击"上传角色"按钮，选择准备好的"沙漏"角色。选中沙漏造型，单击"上传造型"按钮，将其他的沙漏造型上传，如下图所示。

上传角色：

上传造型：

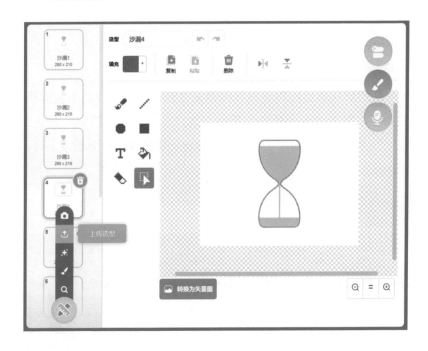

2. 搭建脚本

第一步 新建变量

新建"计时"变量，单击变量模块分组中的变量，接着单击"新建变量"按钮，输入"计时"变量名，单击确定按钮，如右图所示。

  超有趣的科学小实验：Arduino＋图形化编程

第 **二** 步 搭建"沙漏"角色脚本

变量建立完成后，单击扩展，选择"stem 科学探究"（后文简称"科学探究"），如下图所示。

选择一个扩展

测控板
最简洁的传感器布局，像游戏手柄一样，入门专用。

人工智能中级实验箱（新）
升级主控芯片，语音识别，体验物联网+人工智能。

stem科学探究
stem科学探究

MQTT软件通信
基于发布/订阅的模式，为连接远程设备提供实时可靠的消息服务。

系统需求

科学探究的扩展模块所含积木如下图所示。

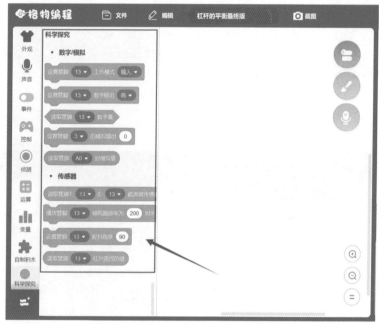

注：图中"管脚"应为"引脚"，后文余同。

接下来对沙漏角色进行编程。

（1）数据的初始化

当绿旗被点击时，设置计时变量的值为 0，切换为沙漏 1 造型，设置红色 LED 灯和绿色 LED 灯为低电平，也就是处于关闭状态。接着询问要计时的时长并等待回答。

参考程序如右图所示。

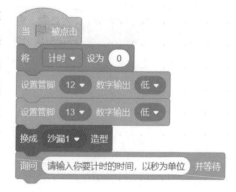

（2）判断输入内容

对回答的内容进行判断，如果输入的是数字则告知"请按按钮进行计时"的提示，否则告知"请输入数字"。

我们可以使用 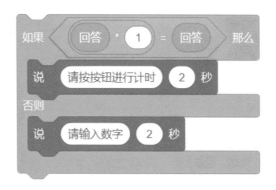 判断输入的是否为数字，如果输入字母或者汉字则乘以 1 后会输出"0"，输入数字则为数字本身。

参考程序如下图所示。

（3）进行计时和判断

当判断输入的内容是数字时，循环执行：当检测到按键按下，计时器归零。

参考程序如下图所示。

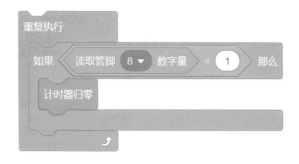

（4）设置最终状态

计时的数值设为计时器的数值，为便于观察可以将计时器的数值四舍五入。计时过程中绿灯亮起，红灯熄灭。计时的沙漏每执行一次，就切换一个造型，我们一共上传了10个造型，所以用回答除以10，然后切换下一个造型。一直重复执行到计时器的数值等于回答，为了增加准确性，可以增加一个计时大于回答的判断。

参考程序如下图所示。

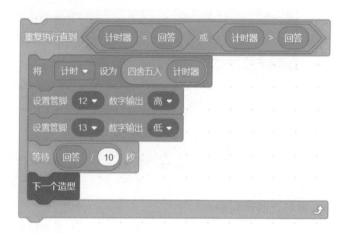

（5）增加结束效果

当计时程序完成，设置管脚12为低电平，13为高电平，设置蜂鸣器为200，时间为500毫秒（ms）。结束程序如下图所示。

（6）最终程序

最终程序如下：

"时间的开始"程序已经编写完毕，最终的效果如下图所示。

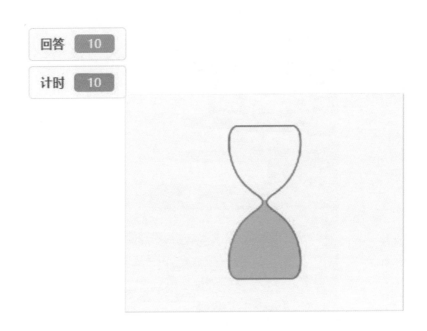

现在单击绿旗，运行程序，输入要倒计时的数值，按下按键进行计时，绿灯亮起。当时间到时，蜂鸣器发出声音，红灯亮，绿灯灭。

反思与评价

（1）想一想

在示例程序中，我们使用按键进行触发，如果换成其他的传感器进行触发，又可以将沙漏应用到哪些有趣的方面？

（2）分享

通过本节课程的学习，我们已经基本掌握了使用物灵板制作一个沙漏的方法，将本课的收获与朋友、家人一起分享吧！

实验背景

　　无论是奥运会还是学校内举行的年度运动会上，百米大战都是最值得期待的比赛项目。不到 10s 的时间内，运动员就"飞"到了终点。运动高手之间的竞争，有的时候仅从冲线的顺序还不能分辨出伯仲。因此，需要一种更加科学准确来判断"谁跑得更快"的方法。

实验任务

　　在科学课中，如果想知道运动员运动的快慢，我们可以采用卷尺测出 100m 的距离，几个运动员同时从 100m 起点跑到终点，测出他们各自所用的时间，根据时间的长短判断谁跑得快。我们还可以使用物灵板和旋钮制作一个测量运动快慢的软件，在相同的 100m 的距离下，通过旋钮来控制"汽车"角色的速度，比一比汽车在不同速度下所用的时间长短。

材料和工具

◎ 物灵板 1 块

◎ 旋钮 1 个

◎ 数据连接线 1 根

◎ 杜邦线若干

◎ 安装有格物编程软件的电脑 1 台

（一）硬件连接

将旋钮与主控板连接如下表所示。

主控板	旋钮	功能
5V（V）	V	电源正极
Gnd（G）	G	电源负极
A0（S）	S	模拟接口

可将旋钮连接到 A0 接口，如下图所示。

（二）程序设计

1. 创建舞台和角色

（1）创建舞台

单击"背景库"按钮，操作如右图所示。

在背景库中点击"选择"按钮，再点击"户外"选项，接着搜索或手动选择"Colorful City"背景，单击"确定"。使用画笔工具绘制黑色道路标线，使用文本工具添加距离数字 0m、50m 和 100m。

背景如下图所示。

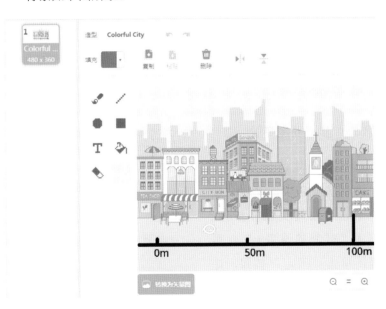

（2）添加角色

删除默认的角色，接着我们来创建新的角色，单击"添加角色"按钮，在角色库内选择"Food Truck"角色，单击确定后改名为"汽车"。选中汽车造型，使用水平翻转按钮让汽车水平翻转，如下图所示。

2.搭建脚本

第一步 新建变量

新建行驶速度 v 变量，单击模块分组中的变量，接着单击"新建变量"按钮，输入"行驶的速度 v"变量名，单击"确定"按钮，如右图所示。

依次建立"行驶的路程 s"和"行驶的时间 t"变量，勾选"行驶的速度 v"和"行驶的时间 t"变量，如下图所示。

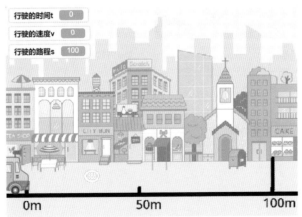

第 二 步 搭建"汽车"角色脚本

三个变量建立完成后，单击"stem 科学探究"，如下图所示。

选择一个扩展

测控板
最简洁的传感器布局，像游戏手柄一样，入门专用。

人工智能中级实验箱（新）
升级主控芯片，语音识别，体验物联网+人工智能。

stem科学探究
stem科学探究

MQTT软件通信
基于发布/订阅的模式，为连接远程设备提供实时可靠的消息服务。

系统需求

科学探究模块所含积木如下图所示。

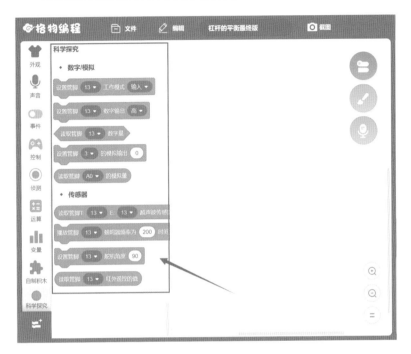

接下来对汽车角色进行编程。

（1）数据的初始化

当绿旗被点击时汽车在 1s 内滑行到 x 为 –250，y 为 –74，也就是舞台上起点 0 的位置。设置变量行驶的路程 s 的值 100，设置行驶的时间 t 的值为 0，设置行驶的速度 v 的值为旋钮的数值。

旋钮的数值范围为 0～1023，先将其除以 1023，使其数值在 0～1 之间变化，再乘以 10，也就是速度在 0～10 之间变化。如此设计可以让行驶的速度控制在合理且可观察的范围之内。

参考程序如下图所示。

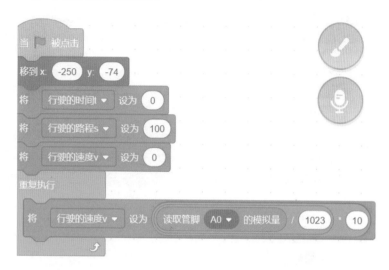

添加重复执行是为了方便获取实时的速度，让数据更准确。

（2）获取行驶时间（t）

当按下空格键后，重复执行：将 x 坐标增加变量行驶的速度 v，直到 x 坐标大于 241 时结束。接着利用行驶路程除以行驶的速度，求得行驶的时间，并在舞台上显示。

参考程序如下图所示。

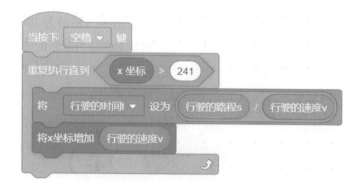

（3）最终程序

最终程序如下：

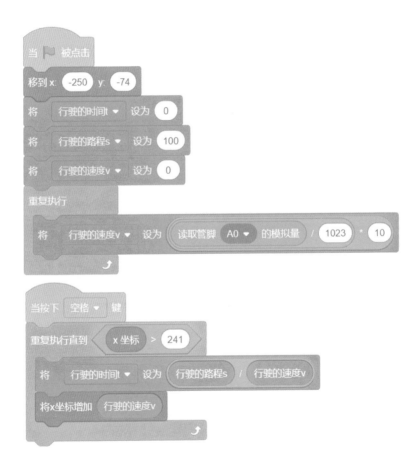

探究发现

"运动的快慢"程序已经编写完毕，最终的效果如下图所示。

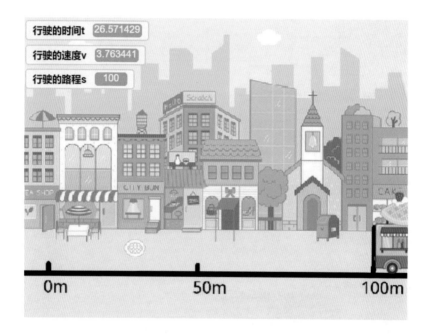

现在单击绿旗运行程序，滑动旋钮，初始化行驶的速度 v，当按下空格时，测试汽车在同样的距离下以固定的速度行驶所需要的时间。测试结果如下表所示。

距离 /m	速度 /（m/s）	时间 /s
100	0.93	107.68
100	1.77	56.52
100	5.80	17.22
……	……	……
我的发现		

反思与评价

（1）想一想

在示例程序中，汽车做的是匀速运动，如何使用旋钮让汽车做变速运动呢？怎么样才能让汽车行驶得更快或者更慢？

（2）分享

通过本节课程的学习，我们已经基本掌握了使用物灵板和旋钮来探究运动快慢的方法，将本课的收获与朋友、家人一起分享吧！

杠杆的平衡

实验背景

　　杠杆是一种简单机械，它是包含支点、动力作用点和阻力作用点的硬棒，在力作用下绕支点转动。在生活中根据需要，杠杆可以是任意形状，跷跷板、剪刀、扳手、撬棒、钓鱼竿等都是杠杆。

　　关于杠杆的工作原理，在中国历史上也有记载。战国时代的墨家曾经总结过这方面的规律，在《墨经》中就有关于杠杆平衡的记载。

　　阿基米德在《论平面图形的平衡》一书中最早提出了杠杆原理。他首先把杠杆实际应用中的一些经验知识当作"不证自明的公理"，然后从这些公理出发，运用几何学通过严密的逻辑论证，得出了杠杆原理。

　　杠杆原理亦称杠杆平衡条件。

实验任务

　　在科学课中，在杠杆两端离支点距离相等的地方挂上相等重量的砝码时，杠杠平衡。在杠杆的两端离支点距离相等的地方挂上不相等重量的砝码时，重的一端会下垂。在杠杆两端离支点距离不相等的地方挂上相等重量的砝码，距离远的一端会下垂。当杠杆未平衡时，若两侧距离相同，下垂的一侧重量更大；若两侧重量相同，下垂的一侧距离支点更远。我们还可以使用物灵板和旋钮制作一个保持杠杆平衡软件，通过旋钮来控制物体重量，看看重量改变时，力矩发生了哪些改变，杠杆依旧可以达到平衡状态。

材料和工具

◎ 物灵板 1 块

◎ 旋钮 1 个

◎ 数据连接线 1 根

◎ 杜邦线若干

◎ 安装有格物编程软件的电脑 1 台

実験参考与步骤

（一）硬件连接

将旋钮与主控板连接如下表所示。

主控板	旋钮	功能
5V（V）	VCC	电源正极
Gnd（G）	GND	电源负极
A0（S）	S	模拟接口

连接后如下图所示。

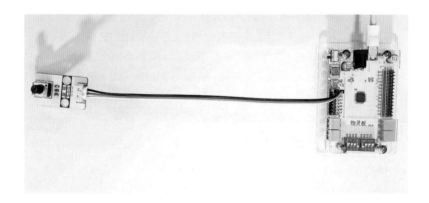

（二）程序设计

1.创建舞台和角色

（1）创建舞台

单击物灵板右下方"选择一个背景"按钮，如右图所示。

接着搜索或手动选择"light"背景，单击"确定"。

背景如下图所示。

（2）添加角色

删除默认的物灵板角色，接着我们来创建新的角色，单击"添加角色"按钮，利用绘制工具绘制一个杠杆。打开绘制界面，如下图所示。

超有趣的科学小实验：Arduino＋图形化编程

利用"画笔"和"圆"绘制杠杆，单击确定后改名为"杠杆"，如下图所示。

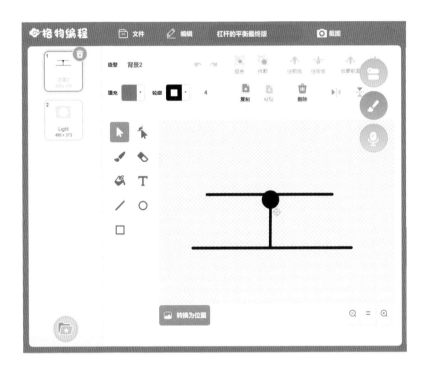

继续添加角色"左侧物体"。同样利用"绘制"工具，绘制左侧物体，如下图所示。

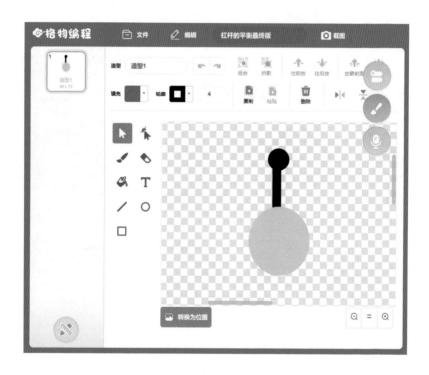

超有趣的科学小实验：Arduino+图形化编程

接下来添加角色"右侧物体"。同样利用"绘制"工具，绘制右侧物体，如下图所示。

2.搭建脚本

第一步 新建变量

单击物灵板模块分组中的变量，接着单击"新建变量"按钮，输入"左侧重物"变量名，选择"适用于所有角色"，单击"确定"按钮，如右图所示。

依次建立"左侧力矩""左侧的检测结果""左侧大小""右侧重物""右侧力矩""右侧的检测结果""右侧大小"，勾选前8个变量，如下图所示。

第 二 步 搭建"杠杆"角色脚本

8个变量建立完成后,单击左下角"添加扩展",选择"stem 科学探究",如下图所示。

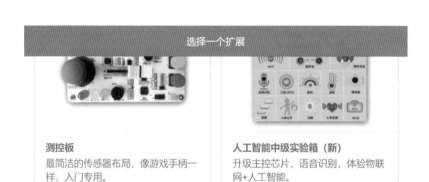

选择一个扩展

测控板
最简洁的传感器布局,像游戏手柄一样,入门专用。

人工智能中级实验箱(新)
升级主控芯片,语音识别,体验物联网+人工智能。

stem科学探究
stem科学探究

MQTT软件通信
基于发布/订阅的模式,为连接远程设备提供实时可靠的消息服务。

系统需求

扩展模块所含积木如下图所示。

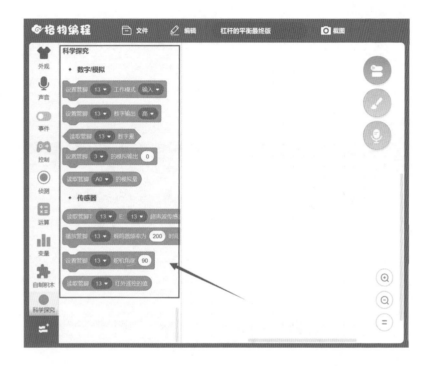

接下来对角色进行编程。

（1）数据初始化

如何做到随意改变物体的大小呢？我们引入了变量。把变量赋值给了物体的外观大小，同时把变量更改为"旋钮"的形式，这样变量的值就可以是物体的大小了。

超有趣的科学小实验：Arduino＋图形化编程

左侧物体的初始化程序如下图所示。

右侧物体的初始化程序如下图所示。

（2）求力矩

我们知道要让杠杆达到平衡，必须满足：左侧重物 × 左侧力矩 = 右侧重物 × 右侧力矩。那物体到支点的距离是多少呢？其实就是左右两侧物体到角色 1（即杠杆）的距离。为了方便理解，我们可以统一定为 50。代码程序如下图所示。

（3）判断杠杆的平衡

判断旋钮的数值范围为 0～1023，先将其除以 1023，使其数值在 0～1 之间变化，再乘 100，也就是物体大小在 0～100 之间变化。如此设计可以让物体的大小控制在合理且可观察的范围之内。我们把左侧大小的值设为旋钮滑动的数值。

因为变量"左侧大小"与"右侧大小"的取值较大，是 0～100，为了取值在可控范围内，我们把两个取值都乘以 0.1，代码如下图所示。

（4）调整杠杆平衡

如果左侧的物体重量发生了改变，就需要调整右侧的力矩。

超有趣的科学小实验：Arduino+图形化编程

根据右侧力矩＝左侧力矩 × 左侧重物 / 右侧重物计算出右侧力矩，然后移动右侧物体，从而达到平衡。

代码如下图所示。

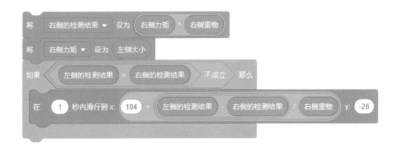

同样，右侧的挂线也会移动到相应的位置。

参考程序如下图所示。

左侧物体：

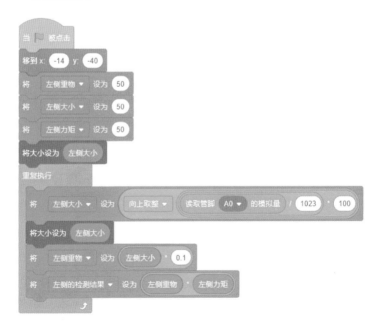

右侧物体：

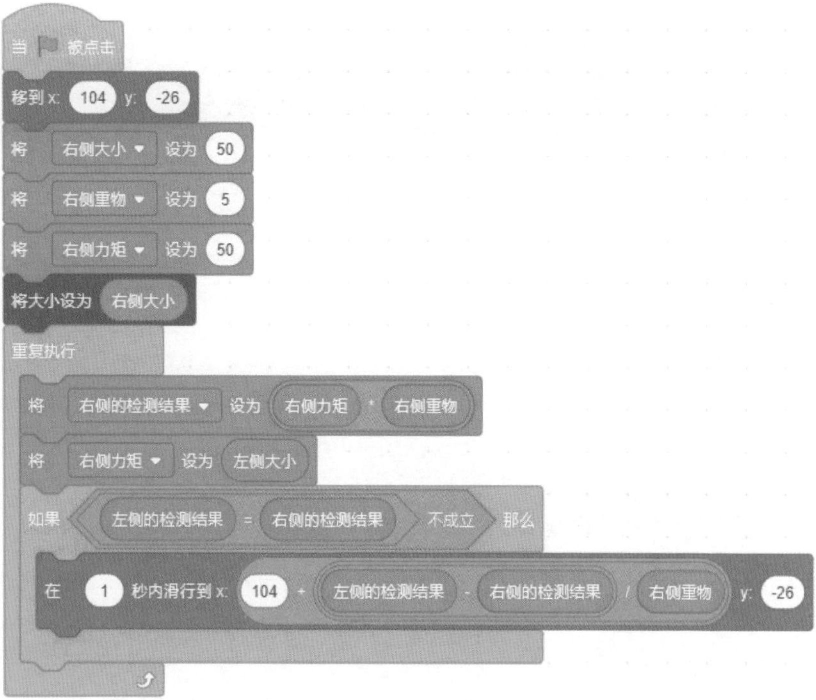

当 ▶ 被点击
移到 x: 104 y: -26
将 右侧大小 ▼ 设为 50
将 右侧重物 ▼ 设为 5
将 右侧力矩 ▼ 设为 50
将大小设为 右侧大小
重复执行
　将 右侧的检测结果 ▼ 设为 右侧力矩 * 右侧重物
　将 右侧力矩 ▼ 设为 左侧大小
　如果 右侧的检测结果 = 右侧的检测结果 不成立 那么
　　在 1 秒内滑行到 x: 104 + 左侧的检测结果 - 右侧的检测结果 / 右侧重物 y: -26

超有趣的科学小实验：Arduino+ 图形化编程

探究发现

"杠杆的平衡"程序已经编写完毕，最终的效果如下图所示。

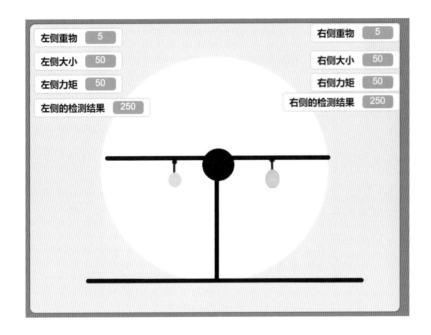

现在单击绿旗，运行程序，滑动旋钮。左侧的大小发生改变，右侧的力矩随着左侧大小的改变而改变。

（1）想一想

在示例程序中，为了让杠杆保持平衡，使用旋钮改变力矩，看看物体的大小有何变化？

（2）分享

通过本节课程的学习，我们已经基本掌握了使用物灵板和旋钮来探究杠杆平衡的方法，将本课的收获与朋友、家人一起分享吧！

第 4 课
摩擦力与质量的关系

实验背景

阻碍物体相对运动（或相对运动趋势）的力叫作摩擦力。在生活中，摩擦力无处不在，没有摩擦力的话鞋带无法系紧，螺钉和钉子无法固定物体。塑料瓶盖上有一些竖纹，是为了增大摩擦力。机械手表戴久了要给它上油，是为了减小摩擦力。车轮上的花纹是为了增大摩擦力。总之生活中的摩擦力无处不在。

实验任务

在科学课中，我们知道用弹簧测力计拉一个物体，刚好能把这个物体拉起来的力就等于摩擦力。如果想知道在一个平面上摩擦力的大小，我们可以通过改变物体接触面的光滑程度和物体质量的大小得出结论：物体接触面越光滑，摩擦力越小，反之越大；物体质量越小，摩擦力越小，反之越大。我们还可以使用格物编程和物灵板的滑杆制作一个测量物体质量与摩擦力关系的实验，在相同的接触面积上，通过滑杆来控制"物体"角色的质量，测试在不同质量下摩擦力的大小。

材料和工具

◎ 物灵板 1 块

◎ 滑杆 1 个

◎ 数据连接线 1 根

◎ 杜邦线若干

◎ 安装有格物编程软件的电脑 1 部

实验参考与步骤

（一）硬件连接

器材如下表所示。

主控板	滑杆	功能
5V（V）	VCC	电源正极
Gnd（G）	GND	电源负极
A0（S）	S	模拟接口

将滑杆与物灵板连接，硬件连接如下图所示。

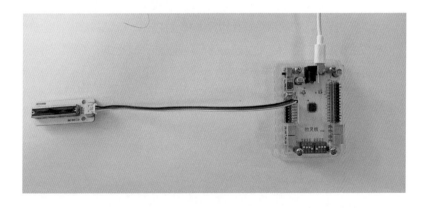

（二）程序设计

1. 创建舞台和角色

（1）创建舞台

单击格物编程"选择一个背景"按钮，选择"背景库"，选择背景库如右图所示。

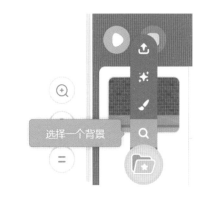

在格物编程背景库中选择"户外"选项，接着选择"Wall 1"背景，单击"确定"。使用画笔工具绘制黑色道路标线，背景设置如下图所示。

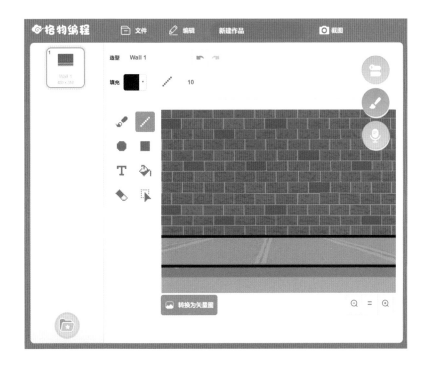

（2）添加角色

删除默认的格物编程角色，创建新的角色，单击"添加角色"按钮，在格物编程角色库内选择"rocks"角色。修改"rocks"角色，添加绿色箭头，标注拉力 F。添加修改角色如下图所示。

超有趣的科学小实验：Arduino+图形化编程

2. 搭建脚本

第 一 步 新建变量

新建"质量 m"变量，
单击格物编程模块分组中的
变量，接着单击"新建变量"
按钮，输入"质量 m"变量
名，单击"确定"按钮。新
建变量如右图所示。

使用相同方法，依次建立"摩擦力 f""拉力 F""摩擦系数 u"
变量，勾选质量 m、摩擦力 f 和拉力 F 变量，新建多个变量如下
图所示。

变量建立完成后，单击扩展，选择"stem 科学探究"，如下图所示。

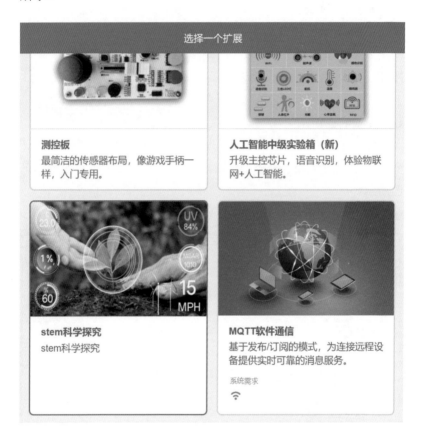

接下来对石头角色进行编程。

（1）数据的初始化

当绿旗被单击的时候，在 1s 内滑行到 x 为 –180，y 为 –60 位置，也就是舞台上起点 0 的位置。设置石头的大小为 100，变量摩擦系数的值为 1，设置质量 m 的值为 0，设置摩擦力 f 的值为 10× 质量 m× 摩擦系数 u，设置拉力 F 的值为摩擦力 f。

数据初始化参考程序如下图所示。

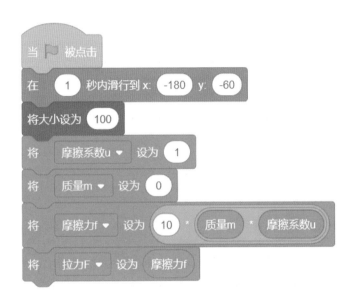

（2）获取拉力 F

当按下空格键后，石头在 10s 内滑行到 x 为 –180，y 为 –60 位置。重复执行直到 x 的坐标等于 180，大小设置为 100。设置质量 m 的值为滑杆的数值。

读取管脚 A0 的模拟量 / 1023 * 100 滑杆的数值范围为 0～1023，先将其除以 1023，使其数值在 0～1 之间变化，再乘以 100，也就是质量在 0～100 之间变化。如此设计可以让数值控制在合理且可观察的范围之内，也就是滑杆调整好在舞台上显示的数值。

接着利用物体匀速运动的拉力等于摩擦力，将摩擦力的值设置为 10× 质量 m× 摩擦系数 u，并在舞台上显示。同时，为了更直观地看到摩擦力的大小与物体质量有关，将大小设为质量 m+100。获取拉力 F 参考程序如下图所示。

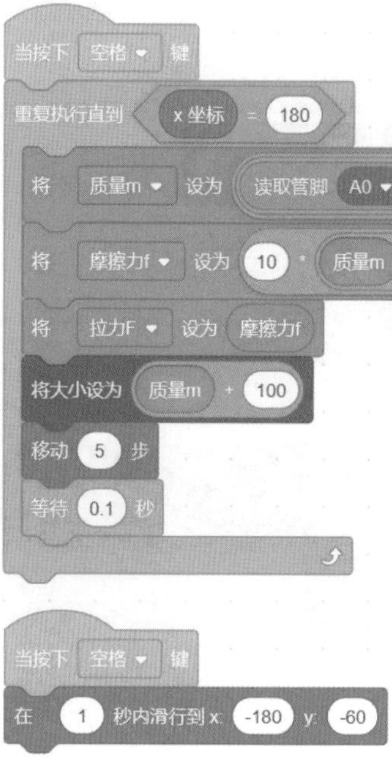

探究发现

"摩擦力与质量的关系"程序已经编写完毕，最终的效果如下图所示。

超有趣的科学小实验：Arduino+ 图形化编程

现在单击绿旗运行程序，滑动滑杆，初始化大小为 100，当按下空格，测试石头在做匀速运动时摩擦力的大小。测试表格如下表所示。

质量 /kg	拉力 /N	摩擦力 /N
3.51	35.1	35.1
2.68	26.8	26.8
5.51	55.1	55.1
……	……	……
我的发现		

反思与评价

（1）想一想

在示例程序中，物体是在同样光滑的物体表面做匀速运动。如果使用相同质量的物体，在不同的物体表面做匀速运动，摩擦力是否一样呢？

（2）分享

通过本节课程的学习，我们已经基本掌握了使用格物编程和物灵板滑杆来探究物体摩擦力与质量关系的方法，将本课的收获与朋友、家人一起分享吧！

实验背景

我们知道由于地球绕太阳公转，形成了春夏秋冬四季的交替，而在地球绕太阳公转的同时，月球围绕地球做圆周运动的过程中，有时会形成日食或月食，本节课我们就一起来模拟日食与月食的形成过程。

实验任务

在科学课中，我们初步了解了日食或月食的形成原理。日食一般发生在农历初一，当月球运动到太阳和地球中间，三者正好处在一条直线时，月球就会挡住太阳射向地球的光，月球身后的黑影正好落到地球上，这时发生日食现象。月食一般发生在农历十五的晚上，当月球运行进入地球的阴影，也就是当地球处于太阳与月球中间时，原本可被太阳光照亮的部分，有部分或全部不能被直射阳光照亮，使得位于地球的观测者无法看到普通的月相。我们可以使用格物编程和按键来模拟日食或月食的形成过程。

材料和工具

- ◎ 物灵板 1 块
- ◎ 按键 1 个
- ◎ 数据连接线 1 根
- ◎ 杜邦线若干
- ◎ 安装有格物编程软件的电脑 1 部

实验参考与步骤

（一）硬件连接

器材如下表所示。

主控板	绿色按键	功能
5V（V）	VCC	电源正极
Gnd（G）	GND	电源负极
D13（S）	S	数字接口

将按键与物灵板连接，如下图所示。

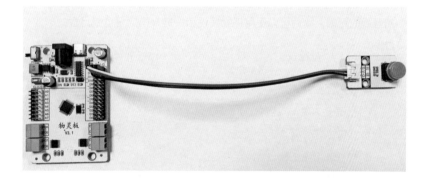

（二）程序设计

1.创建舞台和角色

（1）创建舞台

单击格物编程"背景库"按钮，选择"上传背景"，上传背景如右图所示。

在弹出的对话框中选择"背景图"背景，单击"确定"。并调整至适应大小，背景设置如下图所示。

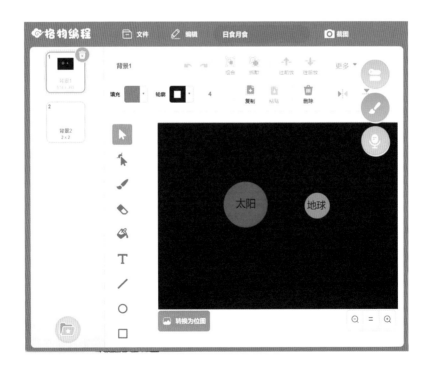

（2）添加角色

删除默认的格物编程角色，接着我们来添加新的角色，单击"添加角色"按钮，选择"绘制"，利用"文本"和"圆"绘制"月球"角色，如下图所示。

其中，月球角色中心点需要与舞台中心点分开一定距离作为旋转半径，设置角色位置如下图所示。

再选择"绘制角色",添加文字"日食月食模拟",并调至适宜位置,添加文字如下图所示。

超有趣的科学小实验:Arduino+图形化编程

2. 搭建脚本

单击扩展，选择“stem 科学探究”，如下图所示。

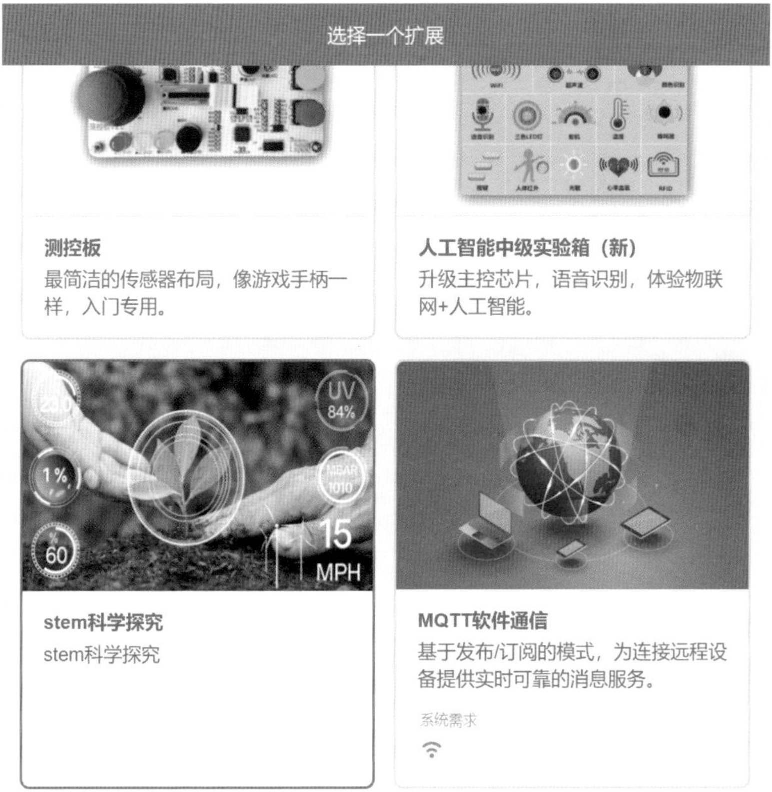
选择一个扩展
测控板
最简洁的传感器布局，像游戏手柄一样，入门专用。
人工智能中级实验箱（新）
升级主控芯片，语音识别，体验物联网+人工智能。
UV
84%
1%
60
15
MPH
stem科学探究
stem科学探究
MQTT软件通信
基于发布/订阅的模式，为连接远程设备提供实时可靠的消息服务。
系统需求

科学探究的扩展模块所含积木如下图所示。

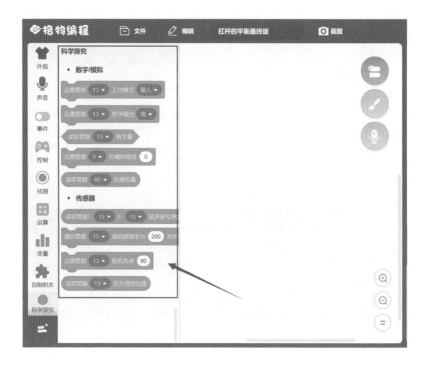

超有趣的科学小实验：Arduino+图形化编程

接下来对角色进行编程。

第 一 步 定义月球初始位置

当绿旗被点击时，面向90°方向，移动到 x 为 76，y 为 69 位置。定义初始位置如下图所示。

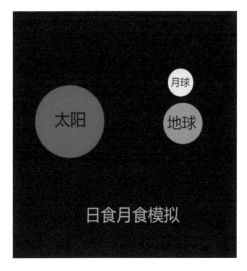

第 二 步 设置日食月食时刻

当按键按下时，月球开始绕地球运转。每次旋转 1°，移动 1 步，重复 90 次，正好移动到地球外侧，此时形成月食，角色说"月食"2 秒。月球继续移动，重复执行 180 次后，月球处于太阳和地球的中间，此时角色说"日食"2 秒。整个过程是重复执行的，所以添加循环执行命令，设置日食月食时刻完整程序如下图所示。

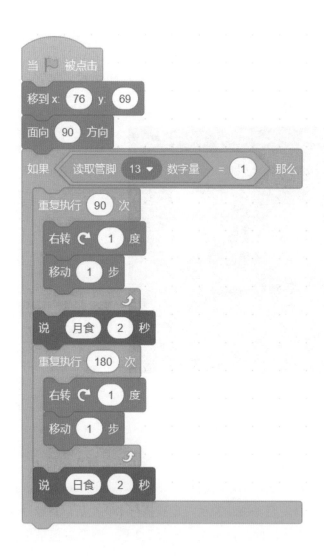

"日食与月食"的程序已经编写完毕，最终的效果如下图所示。

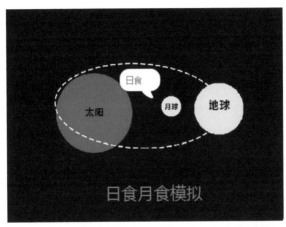

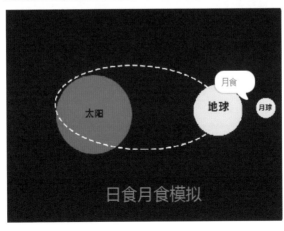

反思与评价

（1）想一想

实验中我们模拟了当太阳、地球、月亮在一条线上，就会产生日食或者月食，但实际上三者在一条线上也不一定产生日食或者月食，查阅资料，了解更多信息并完善程序，使演示更真实。

（2）分享

通过本节课程的学习，我们已经基本掌握了使用格物编程和按键来模拟日食与月食形成的方法，将本课的收获与朋友、家人一起分享吧！

地震报警器

实验背景

地球由于内部不断运动和变化，释放出巨大的能量，造成地壳某些脆弱地带的岩层突然断裂，或者引起原有断层产生错动，地震就发生了。地震是一种突发性很强的自然灾害，一次强烈的地震，往往会摧毁大批建筑物，造成大量人员伤亡。为了减轻地震给人们带来的损失，需要尽量科学准确地进行侦测和预警。

实验任务

在科学课中，如果要制作一个地震报警器，我们可以通过电路将震动信号转化为报警信号。再用物灵板、震动传感器、LED 模块和蜂鸣器作为地震报警器的器材，在发生模拟地震环境下，通过 LED 灯亮起和蜂鸣器报警来演示地震发生的警报器。

材料和工具

◎ 物灵板 1 块

◎ 震动传感器 1 个

◎ 数据连接线 1 根

◎ 杜邦线若干

◎ LED 模块 1 个

◎ 蜂鸣器 1 个

◎ 安装有格物编程软件的电脑 1 台

实验参考与步骤

（一）硬件连接

震动传感器、LED 灯、蜂鸣器与主控板连接情况如下表所示。

主控板	震动传感器	LED 灯	蜂鸣器	功能
5V（V）	VCC	VCC	VCC	电源正极
Gnd（G）	GND	GND	GND	电源负极
A0（S）	S			模拟接口
D13（S）		S		数字接口
D5（S）			S	数字接口

参考示例图如下图所示。

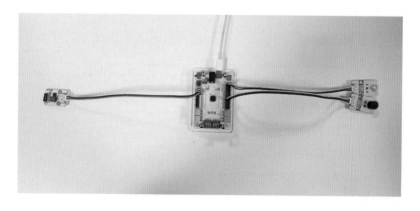

（二）程序设计

1. 创建舞台和角色

（1）创建舞台

单击物灵板"选择一个背景"按钮，再点击"放大镜"按钮。操作如右图所示。

在物灵板背景库中选择"室内"选项，接着选择"bedroom"背景，单击"确定"。背景如下图所示。

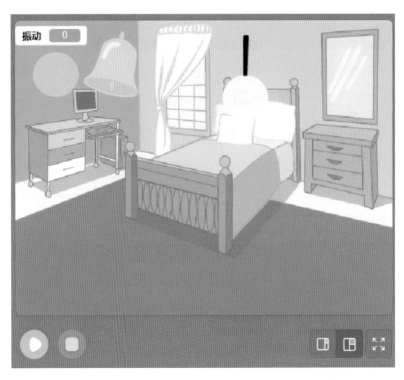

（2）添加角色

删除掉默认的物灵板角色，接着我们来创建新的角色，单击画笔图标的"造型"按钮，再单击"选择一个造型"按钮如右图所示。

在物灵板角色库内搜索或手动选择"bell"角色。并设置两个造型，第一个大小为 71×81，第二个大小为 69×80，如下图所示。

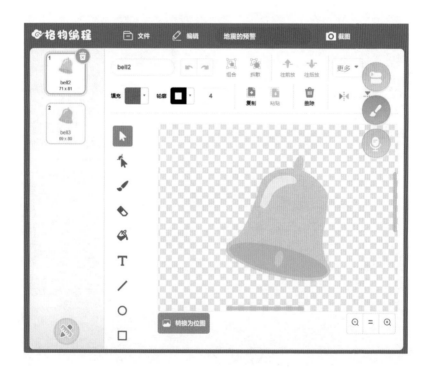

我们开始添加第二个角色，继续单击"选择一个造型"按钮，在物灵板角色库内选择"ball"角色，单击确定后改名为"报警灯"。只留两个造型，并修改颜色为红色和绿色，如下图所示。

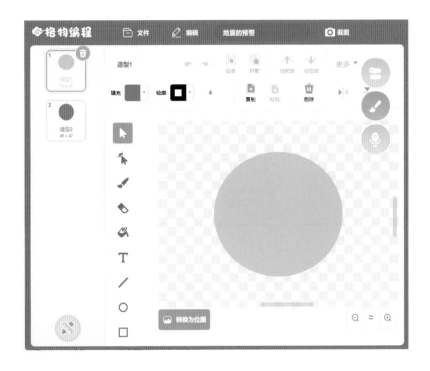

继续添加第三个角色，继续单击"选择一个造型"按钮，在画笔工具里面自己绘制灯，并且通过复制和水平翻转功能设置三个造型，如下图所示。

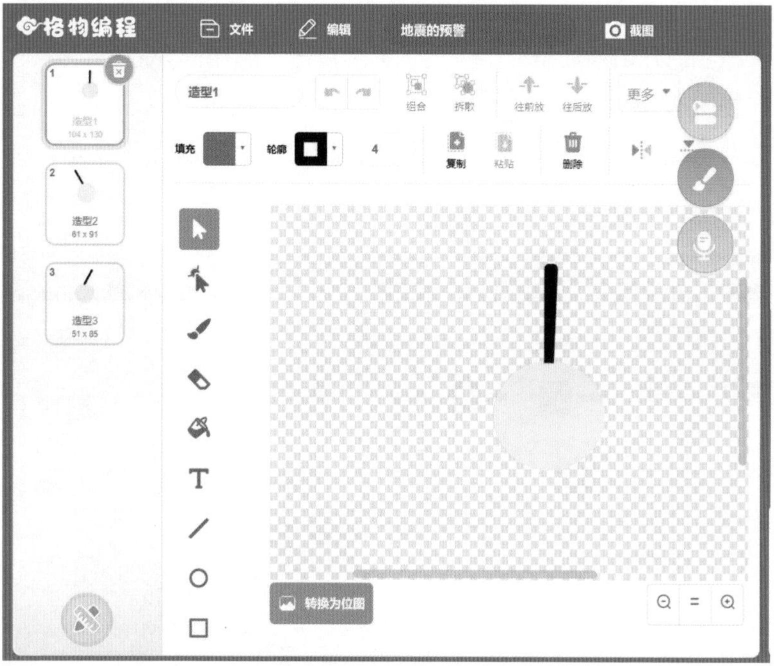

2. 搭建脚本

第一步 新建变量

新建振动变量，单击物灵板模块分组中的变量，接着单击“新建变量”按钮，输入“振动”变量名，选择适用于所有角色，单击“确定”按钮，如右图所示。

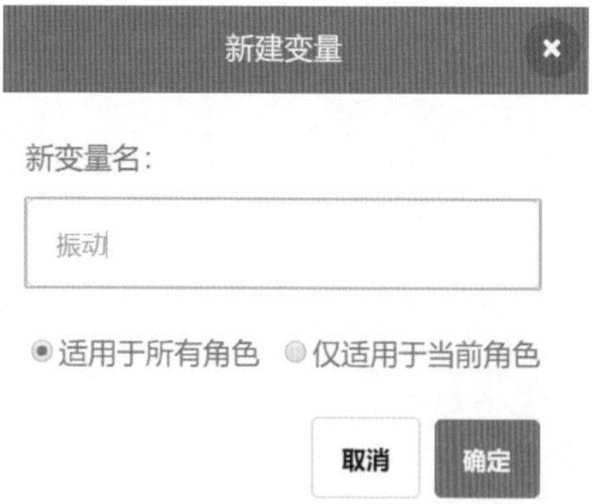

第 二 步 搭建"灯"角色脚本

变量建立完成后，单击扩展，选择"stem 科学探究"，如下图所示。

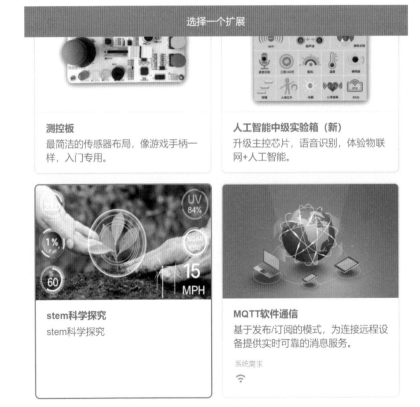

选择一个扩展

测控板
最简洁的传感器布局，像游戏手柄一样，入门专用。

人工智能中级实验箱（新）
升级主控芯片，语音识别，体验物联网+人工智能。

stem科学探究
stem科学探究

MQTT软件通信
基于发布/订阅的模式，为连接远程设备提供实时可靠的消息服务。

系统需求

科学探究模块所含积木如下图所示。

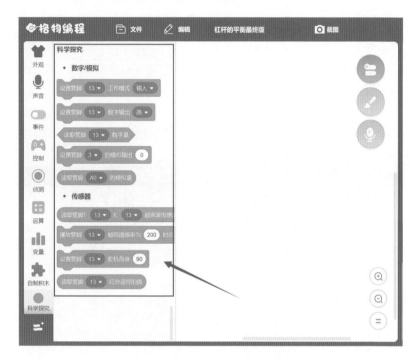

接下来对"灯"角色进行编程。

（1）数据的初始化。当绿旗被单击的时候，设置报警灯为熄灭状态，重复执行设置振动变量的值为模拟管脚 A0 数值。

振动模拟器数值范围为 0～1023，先将其除以 1023，使其数值在 0～1 之间变化，再乘以 10，将数值保持在 0～10 之间。如此设计可以让数值控制在合理且可观察的范围之内。

参考程序如下图所示。

（2）当振动传感器的数值小于 10 时并且大于 0 时，造型"灯"会摆动，且在舞台上显示，并广播消息"地震来了"，参考程序如下图所示。

当接收到广播"地震来了"的时候,铃铛的造型切换,并重复执行,发出声音"地震来了"在舞台区显示。

声音录制如下图所示,点击录制。

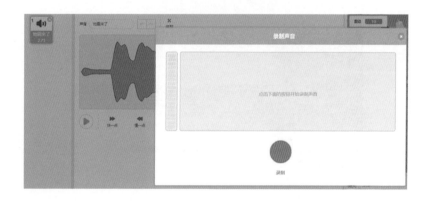

录制完修改名称为"地震来了"，同时蜂鸣器发出声音，参考程序如下图所示。

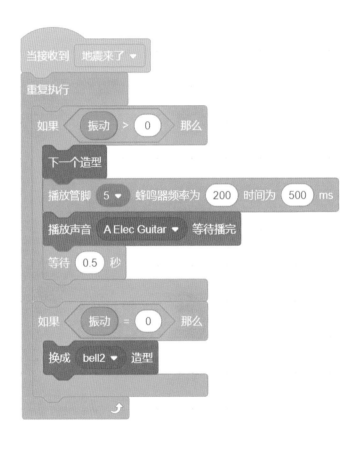

第四步 搭建"报警灯"角色脚本

当接收到广播"地震来了"的时候，报警灯的造型切换，并进行重复执行，在舞台区显示。同时 LED 也不断地闪烁，程序如下图所示。

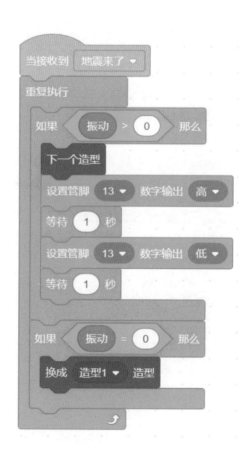

超有趣的科学小实验：Arduino+图形化编程

"地震报警器"的程序已经编写完毕，最终的效果如下图所示。

现在单击绿旗运行程序，晃动振动传感器，蜂鸣器发出声音，LED 灯发光，舞台区铃铛左右摇晃，报警灯闪烁。

反思与评价

（1）想一想

在示例程序中，晃动振动传感器，蜂鸣器发出的声音是一样大的，如何才能根据晃动的频率和幅度的大小来调节蜂鸣器的声音呢？

（2）分享

通过本节课程的学习，我们已经基本掌握了使用物灵板和振动传感器来探究地震报警器功能的方法，将本课的收获与朋友、家人一起分享吧！

实验背景

一年四季，我们穿过很多不同类型的衣服。如果你注意观察，会发现在炎热的夏季我们穿的衣服大多数是浅颜色的，在寒冷的冬季我们穿的衣服大多数是深颜色的。服装设计师为什么会这么设计呢？其实，不同季节的衣服，颜色的选择大有学问！这节课我们通过实验来探究其中的奥秘！

实验任务

分别使用白色和黑色卡纸，制作两个小纸盒，将两个温度传感器分别放入其中。使用格物编程制作一个测温的程序，每隔一段时间，分别记录一次黑色纸盒和白色纸盒中传感器的温度，并绘制成温度曲线图，从而探究不同颜色的吸热能力。

材料和工具

◎ 物灵板 1 块

◎ 温度传感器 2 个

◎ 数据连接线 1 根

◎ 黑色纸盒和白色纸盒各 1 个

◎ 杜邦线若干

◎ 安装有格物编程软件的电脑 1 台

实验参考与步骤

（一）硬件连接

将两个温度传感器分别与物灵板连接，并将传感器分别放入黑色和白色小纸盒。

主控板与温度传感器连接如下表所示。

主控板	温度传感器	功能
5V（V）	VCC	电源正极
Gnd（G）	GND	电源负极
A0（S）	S	模拟接口
A1（S）	S	模拟接口

连接后如下图所示。

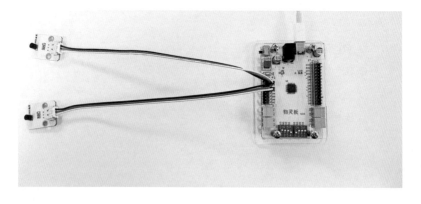

（二）程序设计

1. 创建舞台和角色

（1）创建舞台

单击"背景库"按钮，单击"绘制"，修改当前空背景，添加"白盒子"与"黑盒子"文字，并绘制对应的指示线，方便直观区别不同传感器的温度，如下图所示。

（2）添加角色

删除默认的角色，单击"角色库"，选择"绘制"，绘制红色小圆点作为黑盒子和白盒子的温度指示点，调整中心点位置，并将角色名字分别修改为"黑盒子"和"白盒子"，如下图所示。

2. 搭建脚本

第 一 步 新建变量

新建温度变量"黑盒温度"和"白盒温度"，分别记录黑色纸盒和白色纸盒中传感器的温度，如下图所示。

超有趣的科学小实验：Arduino+图形化编程

第 二 步 搭建"黑盒子"角色脚本

（1）数据的初始化

当绿旗被单击时，依次执行"全部擦除""将笔的粗细设为""将笔的颜色设为""落笔"命令，为绘图做准备，并调整角色"白盒子"的起始位置。程序如右图所示。

（2）获取白盒温度

温度传感器获取的数据，并不是实际的温度数值，需要通过数学运算进行转换。转换方法为：引脚读数 $/1023 \times 100$。

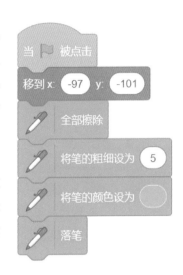

转换方法的原理：

数值范围为 $0\sim1023$，先将其除以 1023，使其数值在 $0\sim1$ 之间变化，再乘以 100，也就是温度数值在 $0\sim100$ 之间变化。如此设计可以让数值控制在合理且可观察的范围之内。

将转换之后的数值赋值给变量"白盒温度"。本课中，白盒传感器接的 A0 管脚，参考程序如下图所示。

（3）呈现测温结果

为了实验效果，应根据实际的环境温度，对实验的测温范围进行调整并进行合适的映射，同时对温度采集的频率进行调整。

本课中，白盒的起始坐标是 x 为 –97，y 为 –101，所以要增加 y 的数据，从而形成 y 坐标。

温度采集频率为 1s/ 次。绘图的 x 坐标，从 0 开始，每隔 1s，x 增加 10。

参考程序如下图所示。

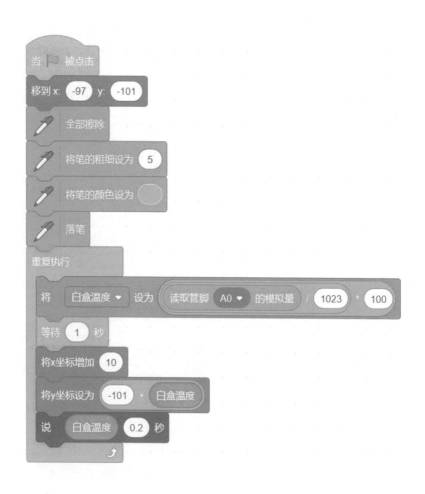

超有趣的科学小实验：Arduino＋图形化编程

第 三 步 搭建 "白盒子" 角色脚本

角色 "黑盒子" 与角色 "白盒子" 的脚本在逻辑上是一致的，只有传感器管脚以及绘图颜色的区别。因此，直接复制角色 "白盒子" 的脚本，修改传感器管脚及绘图颜色即可。

代码如下图所示。

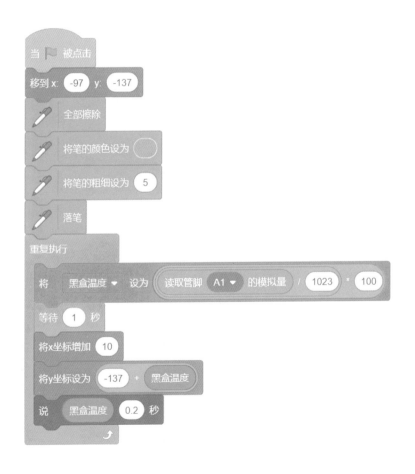

探究发现

"谁热得快"的程序已经编写完毕，最终的效果如下图所示。

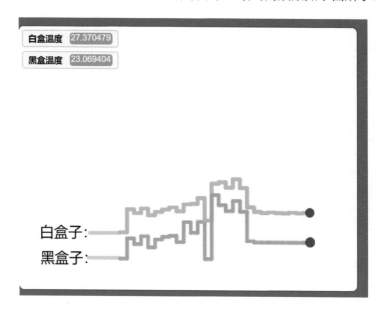

单击绿旗，开始执行程序。将黑色纸盒和白色纸盒置于阳光下，观察并记录黑色盒子和白色盒子的温度。

记录表格如下表所示。

时间 /min	黑盒温度 /℃	白盒温度 /℃
0	14	14
1	16	15
2	21	18
……	……	……
我的发现	

反思与评价

（1）想一想

通过本课，我们了解到了不同颜色的吸热能力不同。生活中，还有哪些常见的现象应用了这些知识呢？

（2）分享

通过本节课程的学习，我们已经掌握了不同颜色吸热的奥秘，将本课的收获与朋友、家人一起分享吧！

实验背景

我们生活在声音的世界中，有上课下课的铃声，有大自然小鸟的叫声，有汽车的轰鸣声，还有水龙头流水的声音，那你是否思考过这些声音是如何传播到我们耳朵中的呢？有哪些物体可以传播声音？声音传播的方向又是如何？通过这节课我们一起探究声音传播的秘密。

实验任务

在科学课中，我们可以打开音响分别放在空箱和水槽中，以此探究声音是否可以在气体和液体中传播，用手敲击桌子探究声音是否可以在固体中传播。我们还可以使用物灵板及配套的蜂鸣器和声音传感器来共同探究声音是否可以在气体、液体和固体中传播以及传播的方向。将蜂鸣器固定在容器固定位置，发出固定频率的声音，做三次实验，第一次什么都不放，第二次倒入沙土（有条件可以使用更紧密的材料），第三次倒入水，通过声音传感器从各个方向收集声音，以此检验不同物体是否可以传播声音以及传播的方向。

材料和工具

◎ 物灵板 1 块

◎ 沙土若干

◎ 水若干

◎ 烧杯 1 个

◎ 蜂鸣器 1 个

◎ 声音传感器 2 个（可一次准备 6 个）

◎ 数据连接线 1 根

◎ 杜邦线若干

◎ 安装有格物编程软件的电脑 1 台

实验参考与步骤

（一）硬件连接

将硬件与物灵板连接，如以下图片和表格所示。

主控板	蜂鸣器	声音传感器	声音传感器	按键	功能
5V（V）	VCC	VCC	VCC	VCC	电源正极
Gnd（G）	GND	GND	GND	GND	电源负极
D3（S）	S				数字接口
A0（S）		S			模拟接口
A7（S）			S		模拟接口
D9（S）				S	数字接口

为了不影响蜂鸣器在水中和沙里的正常使用，我们将蜂鸣器装入塑料袋中。

> **说明**
>
> 声音传感器最好准备 6 个，这样可以从各个方向一次性检测声音的值。

（二）程序设计

1. 创建舞台和角色

使用默认舞台，"选择一个背景"，这里选择青青草原，如右图所示。

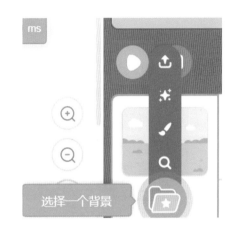

2. 搭建脚本

新建"声音左"变量，单击科学探究模块分组中的变量，接着单击"新建变量"按钮，输入"声音左"变量名，单击"确定"按钮，如右图所示。

用同样的操作新建"声音右"变量。

实验一：声音是否可以在空气中传播。

（1）获取初始值

当绿旗被点击时，将左侧声音传感器获取的值赋值给"声音
左"变量，将右侧声音传感器获取的值赋值给"声音右"变量。
参考程序如下图所示。

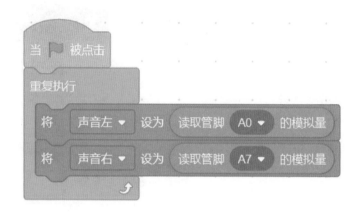

（2）获取声音值

给蜂鸣器填写数值，频率 512，时间是 1000 毫秒（ms）。
参考程序如下图所示。

为了增强可控性，我们现在加入一个"按键"变量。

增加"按键"变量，设置步骤同上。接 D9 管脚，通过将 D9

的数值赋值给"按键"变量，我们可以发现，当按键按下时，数值为1，所以我们可以设置，当按下按键时，蜂鸣器发出声音。参考程序如下图所示。

最终的程序如下图所示。

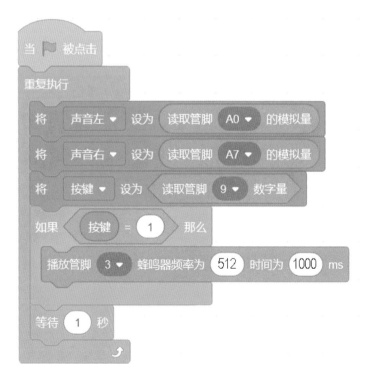

最终效果图如下所示。

用相同方法新建变量"声音上""声音下"和"声音前""声音后",分两组进行检测,检测时蜂鸣器位置不变,调整声音传感器到相应位置检测声音值。测试表格如下表所示。

方位	是否有声音	介质
左	有	
右	有	
上	有	
下	有	空气
前	有	
后	有	
……	……	……
我的发现		

实验二：声音是否可以在固体中传播。

本实验程序不变，在容器中倒入沙土至完全覆盖蜂鸣器。

运行程序，声音在固体中的传播效果如下图所示。

下面从其他四个方向进行测量，方法和实验一相同，测试表格如下表所示。

方位	是否有声音	介质
左	有	
右	有	
上	有	
下	有	沙土
前	有	
后	有	
……	……	……
我的发现		

实验三：声音是否可以在液体中传播。

本实验程序不变，在容器中倒入水至完全浸没蜂鸣器。

运行程序，声音在液体中的传播效果如下图所示。

下面从其他四个方向进行测量，方法和实验一相同。测试表格如下表所示。

方位	是否有声音	介质
左	有	
右	有	
上	有	
下	有	水
前	有	
后	有	
……	……	……
我的发现		

探究发现

把蜂鸣器分别放置在空气、沙土、水中,单击绿旗,运行程序。测试表格如下表所示。

介质	是否有声音	传播方向
空气	有	四面八方
沙土	有	四面八方
水	有	四面八方
……	……	……
我的发现		

反思与评价

(1)想一想

在示例程序中,我们探究了声音在空气、固体和液体中的传播,那声音能否在真空环境下传播呢?

(2)分享

通过本节课程的学习,我们已经基本掌握了使用物灵板、蜂鸣器和声音传感器探究声音传播秘密的方法,将本课的收获与朋友、家人一起分享吧!

第 9 课
"看得见"的声音

实验背景 ◎···············

我们生活在一个充满声音的世界里，周围有各种各样的声音，有些是大自然发出的，比如流水声、风声等；有些是人类活动发出的，比如日常的沟通交流、弹奏音乐等。声音和我们如影随形，但平时我们总是说"听"到声音，从没有说"看"到声音。那声音到底能不能看到呢？

实验任务 ◎···············

在科学课中，我们知道声音是由物体振动产生的，如果想看见声音，可以将橡胶膜（气球碎片）蒙在纸杯口上，然后撒上盐粒，打开收音机，通过观察盐粒的跳动就可以观察到声音变化。我们还可以使用物灵板和声音传感器制作一个声音绘制仪，通过声音传感器检测外部声音的大小，用画笔绘制到屏幕上，让我们真实地"看见"声音，感受声音的跳动。

材料和工具 ◎···············

◎ 物灵板 1 块

◎ 声音传感器 1 个

◎ 数据连接线 1 根

◎ 杜邦线若干

◎ 安装有格物编程软件的电脑 1 台

实验参考与步骤

（一）硬件连接

将声音传感器与主控板连接如下表所示。

主控板	声音传感器	功能
5V（V）	VCC	电源正极
Gnd（G）	GND	电源负极
A1（S）	S	模拟接口

连接后如下图所示。

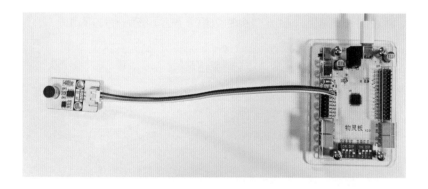

超有趣的科学小实验：Arduino+图形化编程

（二）程序设计

1. 创建角色

　　使用默认的舞台，删除默认的诸葛亮角色，接着我们来创建新的角色，单击"添加角色"按钮，在角色库内选择"Pencil"（铅笔）角色，并调整大小为 30，如右图所示。

　　为达到从笔尖绘制出声音曲线的效果，我们将造型中心放到笔尖处。先整体选中，然后进行拖动，如下图所示。

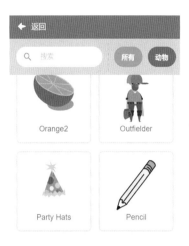

2.搭建脚本

第一步 新建变量

新建"声音值"变量，单击科学探究模块分组中的变量，接着单击"新建变量"按钮，输入"声音值"变量名，单击"确定"按钮，如下图所示。

使用相同操作新建"铅笔 Y 坐标"变量，如下图所示。

超有趣的科学小实验：Arduino+ 图形化编程

第 **二** 步 搭建"铅笔"角色脚本

科学探究扩展模块所含积木如下图所示。

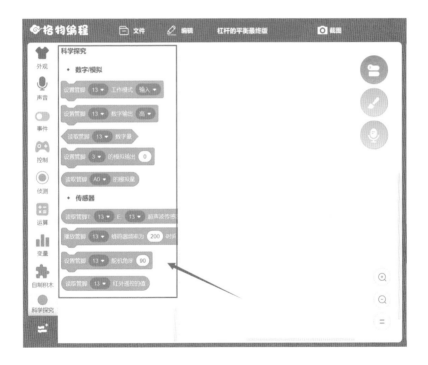

单击扩展,选择"功能模块",选择"画笔"插件,如下图所示。

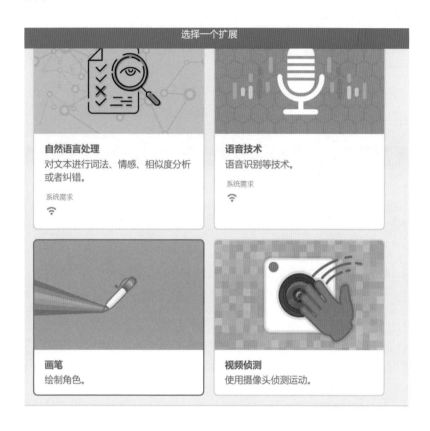

接下来对铅笔角色进行编程。

(1)初始化设置

当绿旗被单击的时候,将画笔颜色设置为黄色,笔的粗细设置为1,声音值设置为0。参考程序如下图所示。

超有趣的科学小实验:Arduino+图形化编程

（2）设置画笔位置 x 为 –231，y 为 45，参考程序如下图所示。

（3）绘制声音曲线

重复执行：将从声音传感器读取到的值存储到声音值变量中，铅笔水平坐标 x 移动到 x 坐标 + 计时器 ×10 的位置，垂直方向 y 坐标移动到声音值范围内对应的铅笔 y 的坐标。

设置铅笔 y 坐标值为声音值映射为 y 坐标后的值，为方便观察设置间隔时间为 1 秒，如下图所示。

声音传感器的取值范围一般为 0～1023，使用映射模块将声音值范围对应到舞台垂直方向坐标范围 0～180，这样保证声音取值都在舞台上可见。

参考程序如下图所示。

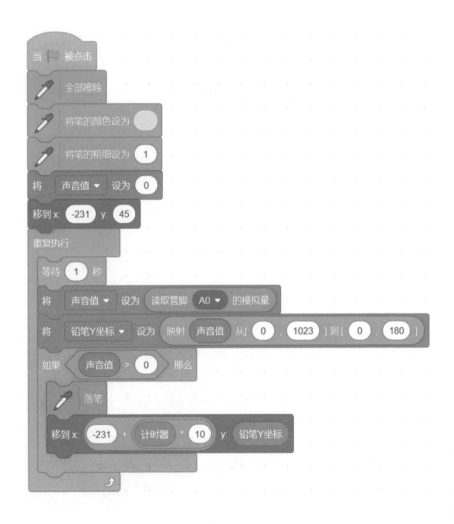

探究发现

程序已经编写完毕，最终的效果如下图所示。

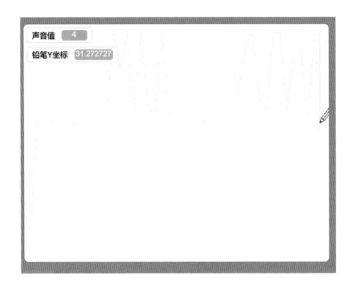

现在单击绿旗运行程序，制造响声，观察和记录声音大小与画笔高低的关系。

测试表格如下表所示。

序号	声音值 /dB	铅笔 Y 坐标
1	0	0
2	142	24.985337
3	599	105.395894
……	……	……
我的发现		

反思与评价

（1）想一想

在示例程序中，我们"绘制"出了声音，如何使用声音传感器制作一个噪声报警器？

（2）分享

通过本节课程的学习，我们已经基本掌握了使用物灵板和声音传感器"看见"声音的方法，将本课的收获与朋友、家人一起分享吧！

  超有趣的科学小实验：Arduino+图形化编程

第 10 课
超声波测速

实验背景

在现实生活中，为了防止汽车超速，保护生命安全，交警部门在公路上安装了许多测速仪，那它们又是如何工作的？我们是不是也可以利用所学的知识模拟测速仪进行测速？下面我们一起探究其中的秘密吧！

实验任务

在科学课中，我们知道高于 20000Hz 的声音叫超声波，蝙蝠利用声波的反射可以判断回声的方向和时间，确定障碍物的位置和距离，从而躲避障碍物。人类采用这个原理，利用超声波发明了非常有用的装置，比如声呐系统、倒车雷达和超声波探伤仪等。本节课我们使用格物编程和物灵板的超声波传感器来模拟测速仪对行驶的小车进行测速。

材料和工具

◎ 物灵板 1 块

◎ 超声波传感器 1 个

◎ 按键 1 个

◎ 数据连接线 1 根

◎ 杜邦线若干

◎ 安装有格物编程软件的电脑 1 部

（一）硬件连接

器材及接口如下表所示。

主控板	超声波传感器	绿色按键	功能
5V（V）	VCC	VCC	电源正极
Gnd（G）	GND	GND	电源负极
D13（S）	T		模拟接口
D12（S）	E		
D8（S）		S	数字接口

将超声波传感器、按键分别与物灵板连接，硬件连接如下图所示。

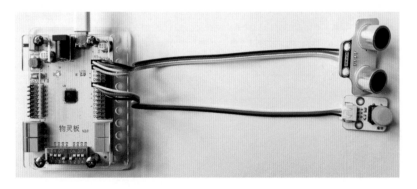

（二）程序设计

1. 创建舞台和角色

（1）创建舞台

单击格物编程"背景库"
按钮，选择"选择一个背
景"，如右图所示。

在弹出的对话框中选择
"Blue Sky"背景，单击"确
定"并调整至适应大小，背
景设置如下图所示。

（2）添加角色

删除默认的格物编程角色，接着我们来创建新的角色，单击"添加角色"按钮，选择"上传角色"，在弹出的对话框中找到"超声波传感器"角色上传，并调整大小为100。上传超声波角色如下图所示。

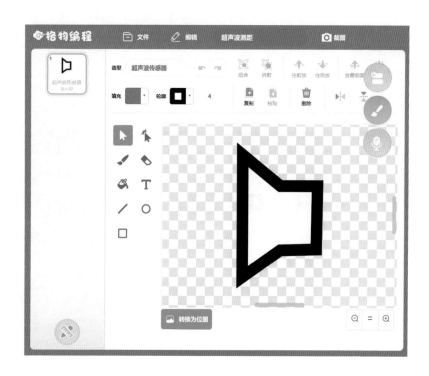

超有趣的科学小实验：Arduino+图形化编程

单击格物编程"角色库"按钮，选择"角色库"，选择"Convertible 2"角色，并修改名称为"小车"。添加小车角色如下图所示。

单击格物编程"角色库"按钮，选择"角色库"，选择"Pencil"角色，设置大小为30，造型中心为笔头处，移动到超声波传感器角色位置，并设置为隐藏。选择和修改铅笔角色如下图所示。

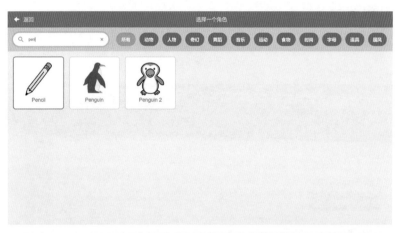

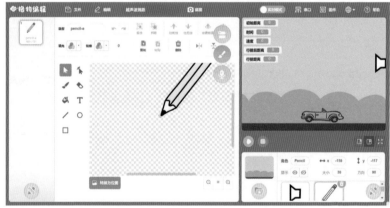

2. 搭建脚本

第一步 定义变量

新建"初始距离"变量，存储车子距离超声波传感器最初的

超有趣的科学小实验：Arduino+图形化编程

距离，单击格物编程模块分
组中的变量，接着单击"新
建变量"按钮，输入"初始
距离"变量名，单击"确定"
按钮。新建初始距离变量如
右图所示。

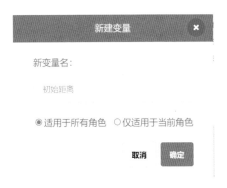

用相同的方法新建"行
驶后距离"变量，存储车子
行驶后距离超声波传感器的距离。新建"行驶距离"变量，存储
车子实际行驶距离。新建"时间"变量，存储行驶时间。新建
"速度"变量，存储车子的平均速度。新建多个变量如下图所示。

第 二 步 添加扩展插件

（1）添加"stem 科学探究"

变量建立完成后，单击扩展，选择"stem 科学探究"，添加扩展如下图所示。

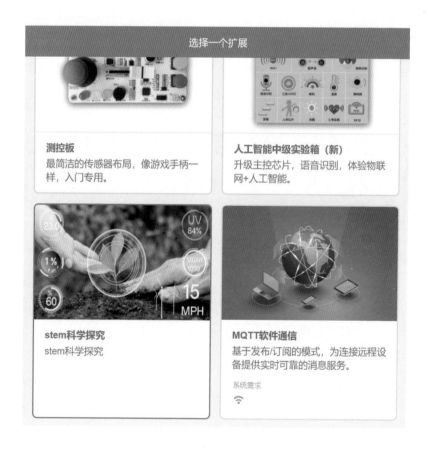

超有趣的科学小实验：Arduino+图形化编程

扩展模块所含积木如下图所示。

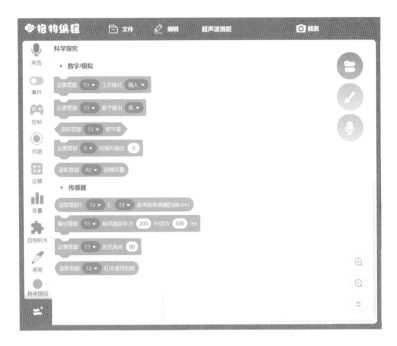

（2）添加"画笔"插件

单击扩展，选择"画笔"插件，加载画笔插件如下图所示。

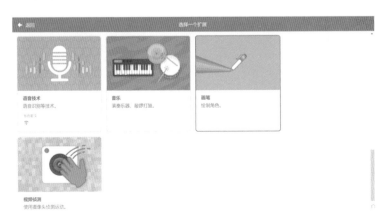

第 三 步 搭建"超声波传感器"角色脚本

（1）数据的初始化

当绿旗被点击时，设置变量"初始距离"的值为读取的超声波传感器获取的值，设置行驶后距离的值也为读取的超声波传感器获取的值，设置行驶距离为0，设置时间为0，设置速度也为0。数据初始化参考程序如下图所示。

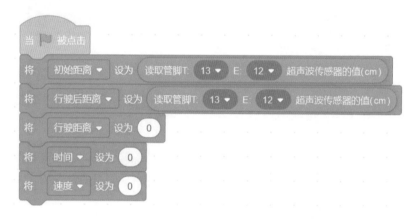

（2）广播测速和行驶

数据初始化后，广播"开始测速"并等待1.5s后广播"开始行驶"，让计时器归零，正式开始计时。广播测速和行驶参考程序如右图所示。

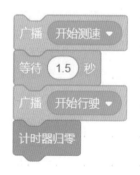

（3）获取平均速度

在按下按键之前，重复执行：设置行驶后距离的值也为读取的超声波传感器获取的值；设置时间的值为计时器值；设置行驶距离为初始距离减行驶后距超声波距离；设置速度为行驶距离除以所有时间，并在舞台上说出。获取小车平均速度参考程序如下图所示。

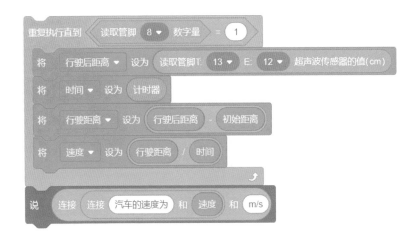

小知识

本次采用的超声波传感器获取的值以厘米（cm）为单位，需要转换为以米（m）为单位，所以除以 100 进行转换。

第四步 搭建小车旋转脚本

（1）初始化位置

当绿旗被点击时，移动到 x 为 –186，y 为 –138 位置，小车初始化位置参考程序如下图所示。

（2）小车行驶

当接收到"开始行驶"广播，小车在按下按键之前，重复执行：将 x 坐标设为映射行驶后的距离，从［初始距离，0］到［–186，180］。当按下按键后，广播"开始测速"。

映射 行驶后距离 从［初始距离 0］到（–186 180）是将实物小车行驶后距离从［最大的初始距离，最小距离 0］映射到舞台上小车初始 x 坐标 –186，最大 x 坐标 180，保障实物小车和舞台小车行驶一致。小车行驶参考程序如下图所示。

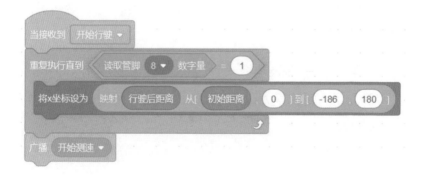

超有趣的科学小实验：Arduino+图形化编程

第 五 步　搭建铅笔角色脚本

　　当接收到"开始测速"广播，移动到 x 为 210，y 为 –35 位置，设置画笔颜色为蓝色，落笔并在 0.5s 内滑行到小车位置，再在 0.5s 内从小车位置滑行到超声波传感器位置，最后等待 0.5s 后全部擦除。开始测速参考程序如下图所示。

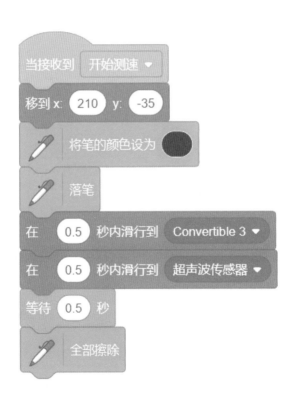

超声波测速的程序已经编写完毕，最终的效果如下图所示。

舞台小车初始状态：

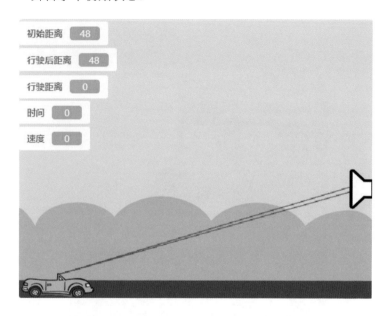

实物小车初始状态：

舞台小车最终状态：

实物小车最终状态：

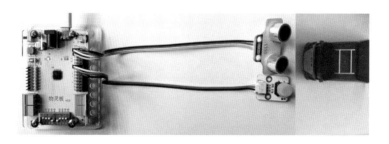

现在找一辆小车，单击绿旗运行程序，开始测速吧！

反思与评价

（1）想一想

你了解什么是区间测速吗？怎样实现区间测速呢？自己查阅资料学习区间测速的原理，试着设计区间测速程序。

（2）分享

通过本节课程的学习，我们已经掌握了使用格物编程和物灵板超声波传感器实现测速的技巧，将本课的收获与朋友、家人一起分享吧！

实验背景

"高高个儿一身青，金黄圆脸喜盈盈，天天对着太阳笑，结的果实数不清"，想必大家都知道这是在描述向日葵。向日葵又名朝阳花，其花常朝着太阳，因为生长过程中需要充足的阳光。

实验任务

在科学课中，我们知道大多数植物的生长需要阳光，在生活中，我们可以根据植物的生长需要补充光照。我们可以使用格物编程和光敏传感器模拟向日葵向阳生长的过程，探究在光敏传感器的值大于 200 的白天与小于等于 200 时的黑夜中，向日葵生长情况的差异。

材料和工具

◎ 物灵板主控板 1 块

◎ 光敏传感器 1 个

◎ 数据连接线 1 根

◎ 杜邦线若干

◎ 安装有格物编程软件的电脑 1 部

实验参考与步骤

（一）硬件连接

器材及连接如下表所示。

主控板	光敏传感器	功能
5V（V）	VCC	电源正极
Gnd（G）	GND	电源负极
A0（S）	S	模拟接口

将光敏传感器与主控板连接，硬件连接如下图所示。

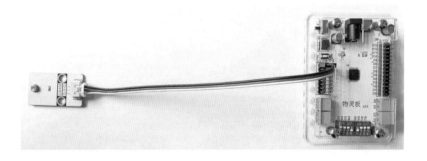

（二）程序设计

1. 创建舞台和角色

（1）创建舞台

单击格物编程"背景库"按钮，选择"选择一个背景"，如右图所示。

在弹出的对话框中选择"Stars""Blue Sky"背景，添加背景如下图所示。

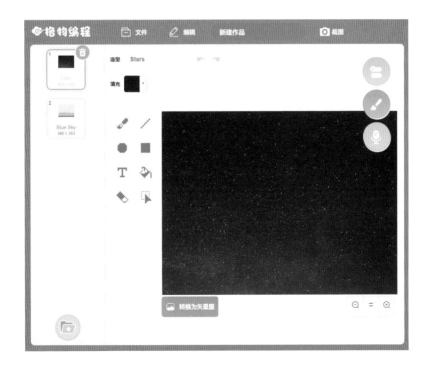

（2）添加角色

删除默认的格物编程角色，接着我们来创建新的角色。

单击"添加角色"按钮，选择"上传角色"，在弹出的对话框中找到"向日葵叶"角色上传并把中心点定义在角色的下方。上传向日葵叶角色如下图所示。

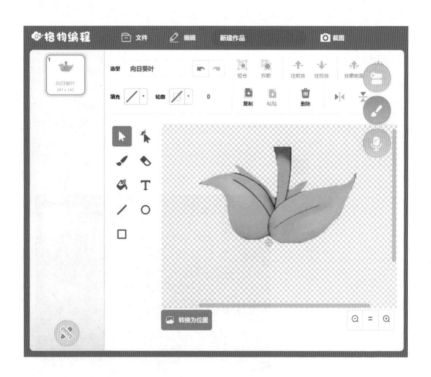

超有趣的科学小实验：Arduino＋图形化编程

按照上述方法添加"向日葵花"角色，并把中心点对准角色的中心位置，上传向日葵花角色如下图所示。

从角色库中添加"太阳"角色，最终角色情境如下图所示。

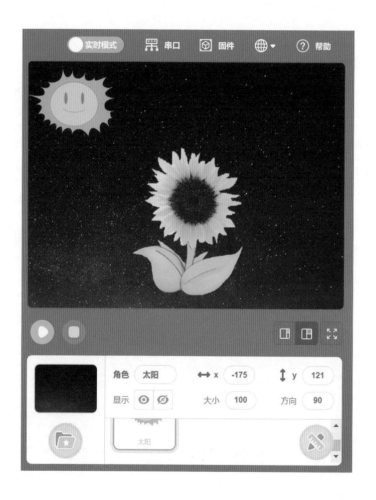

超有趣的科学小实验：Arduino+图形化编程

2. 搭建脚本

单击扩展，选择“stem 科学探究”，如下图所示。

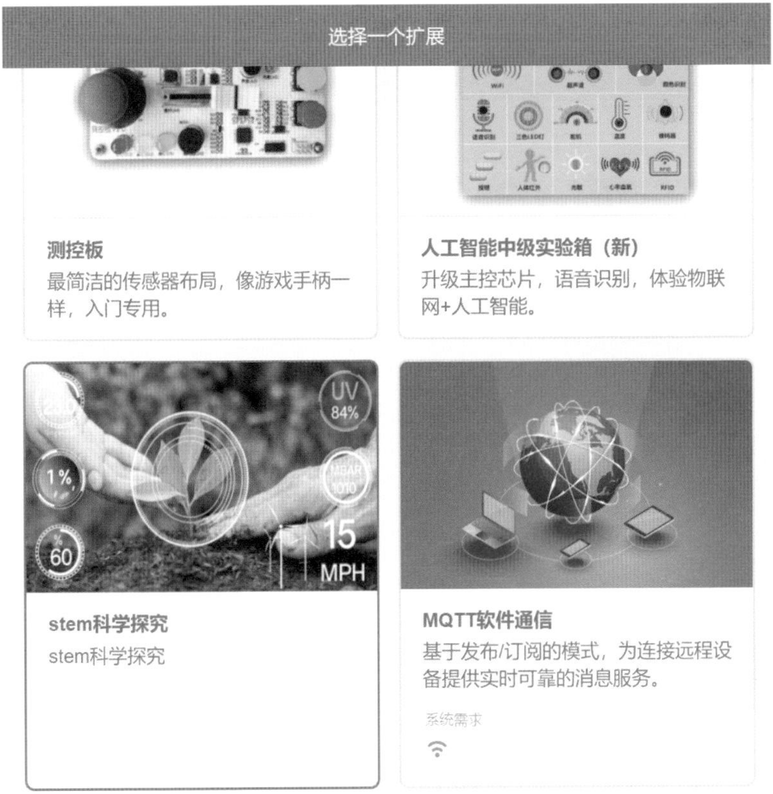
选择一个扩展
测控板
最简洁的传感器布局，像游戏手柄一样，入门专用。
人工智能中级实验箱（新）
升级主控芯片，语音识别，体验物联网+人工智能。
UV
84%
1%
60
15
MPH
stem科学探究
stem科学探究
MQTT软件通信
基于发布/订阅的模式，为连接远程设备提供实时可靠的消息服务。
系统需求

科学探究的扩展模块所含积木如下图所示。

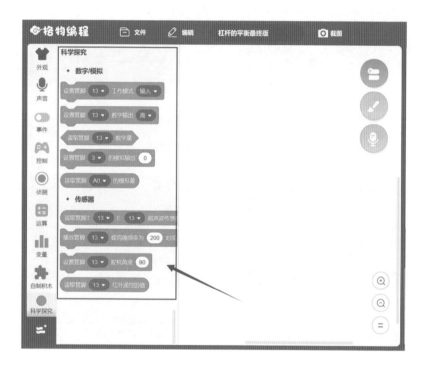

超有趣的科学小实验：Arduino＋图形化编程

接下来进行编程。

搭建舞台脚本

选择舞台，根据光敏传感器的数值设定白天黑夜。当光敏传感器的值大于 200 时，换成"Blue Sky"背景并发出广播"天亮了"。当光敏传感器的值小于等于 200 时，换成"Stars"背景并发出广播"天黑了"。判断白天黑夜程序如下图所示。

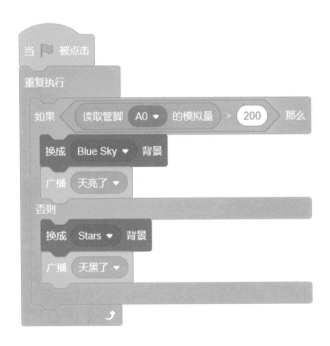

第二步 搭建"太阳"角色脚本

（1）设定"太阳"角色的初始位置

当绿旗被点击时，把"太阳"角色移动到坐标为（–170，120）的位置，保持 y 坐标不变，x 坐标加 1。x 坐标每增加 1，角色"说出"光敏传感器的数值，循环执行直到 x 坐标大于 220，再回到设置的起点。太阳角色数据初始化如下图所示。

（2）设定"太阳"角色的显示与隐藏

当接收到广播"天亮了"时显示，当接收到广播"天黑了"时隐藏。太阳角色完整程序如下图所示。

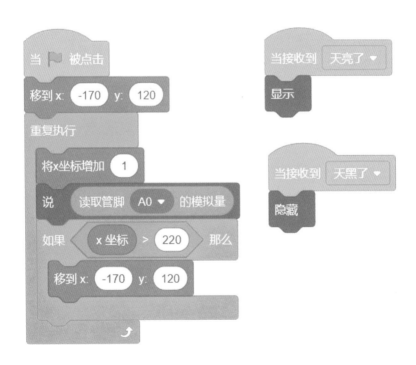

第 三 步　搭建"向日葵叶"角色脚本

当绿旗被点击时，把角色大小设置为 60。当接收到广播"天亮了"时，将角色大小增加 0.1。当接收到广播"天黑了"时，停止该角色的其他脚本。向日葵叶角色程序如下图所示。

第 四 步　搭建"向日葵花"角色脚本

当绿旗被点击时，把角色大小设置为 60，移动到 x 为 20，y 为 –90。当接收到广播"天亮了"时，将角色大小增加 0.1，y 坐标增加 0.2，并且面向太阳方向，右转 15°，目的是让向日葵花与向日葵叶的生长过程更逼真。当接收到广播"天黑了"时，停止该角色的其他脚本。向日葵花角色程序如下图所示。

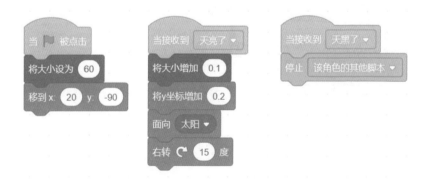

模拟向日葵花生长过程的程序已经编写完毕，最终的效果如下图所示。

反思与评价

（1）想一想

在示例程序中，我们模拟了向日葵的生长过程，不同的植物对阳光的需求不同，查阅资料模拟你喜欢的植物的生长过程。

（2）分享

通过本节课程的学习，我们已经基本掌握了使用格物编程和物灵板光敏传感器来模拟向日葵生长过程的方法，将本课的收获与朋友、家人一起分享吧！

实验背景 ◎⋯⋯⋯⋯⋯

"大风车吱呀吱哟哟地转，这里的风景呀真好看，天好看地好看，还有一起快乐的小伙伴"，《大风车》这首经典儿歌陪伴着一代又一代的人。风车是孩子们非常喜欢的玩具之一，风吹来时，风车会随风转动，好神奇！

实验任务 ◎⋯⋯⋯⋯⋯

在科学课中，我们知道力可以改变物体运动的状态，风车转动是因为风力的作用。我们可以使用格物编程和物灵板的旋钮、按键来模拟风车的转动过程，利用旋钮的数值模拟风力大小，数值越大，转速越大，反之转速越小。

材料和工具 ◎⋯⋯⋯⋯⋯

◎ 物灵板 1 块

◎ 旋钮 1 个

◎ 按键 2 个

◎ 数据连接线 1 根

◎ 杜邦线若干

◎ 安装有格物编程软件的电脑 1 部

实验参考与步骤

（一）硬件连接

器材及连接如下表所示。

主控板	旋钮	红色按键	绿色按键	功能
5V（V）	VCC	VCC	VCC	电源正极
GND（G）	GND	GND	GND	电源负极
A0（S）	S			模拟接口
D6（S）			S	数字接口
D8（S）		S		数字接口

将旋钮、按键分别与物灵板连接，如下图所示。

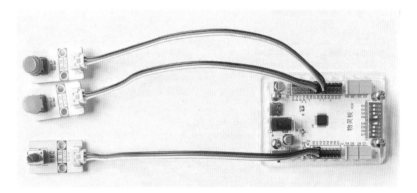

（二）程序设计

1. 创建舞台和角色

（1）创建舞台

单击格物编程"背景库"按钮，选择"选择一个背景"，搜索"蒙古大草原"，如右图所示。

调整至适应大小，背景如下图所示。

（2）添加角色

删除默认的格物编程角色，接着我们来创建新的角色，单击"添加角色"按钮，选择"上传角色"，在弹出的对话框中找到"风车底"角色上传，上传角色如下图所示。

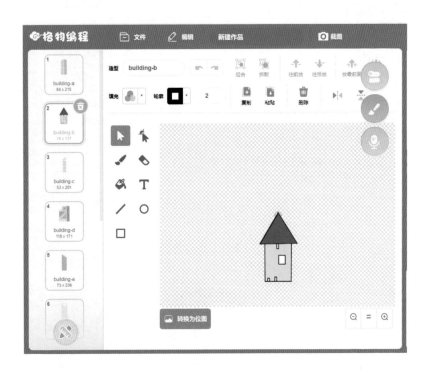

超有趣的科学小实验：Arduino＋图形化编程

按照上述方法添加"风车叶"角色，并把"风车叶"的中心位置对准角色的中心位置，上传和设置角色如下图所示。

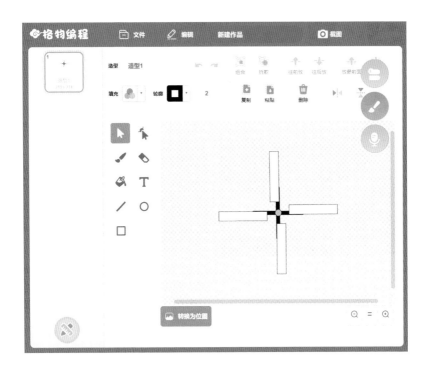

2. 搭建脚本

单击扩展，选择"stem科学探究"，如下图所示。

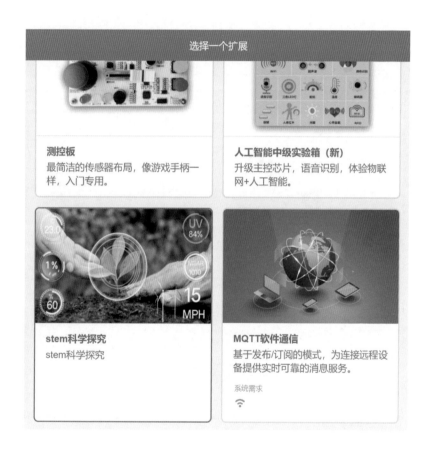

超有趣的科学小实验：Arduino＋图形化编程

科学探究的扩展模块所含积木如下图所示。

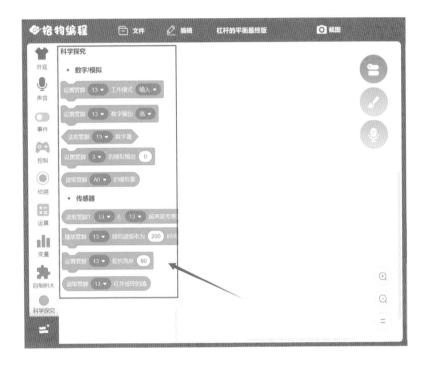

接下来对角色进行编程。

第一步 定义变量

新建"风速"变量，单击格物编程模块分组中的变量，接着单击"新建变量"按钮，输入"风速"变量名，单击"确定"按钮。新建风速变量如下图所示。

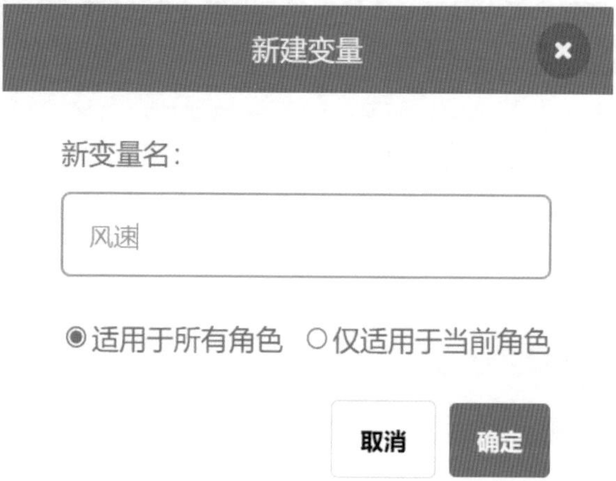

第二步 设置风车旋转参数

（1）设定"风速"

旋钮的取值范围为0～1023，经过反复测试我们发现把最大风速设定为30效果最佳，因此我们通过数学运算把旋钮的值为0～30。单击"运算符"模块分类，选择 ◯／◯ 、 ◯＊◯ 代码块，利用旋钮获取的值除以1023再乘30即可把数值0～1023转化为0～30，最后赋值给变量"风速"，设定风速如下图所示。

超有趣的科学小实验：Arduino+图形化编程

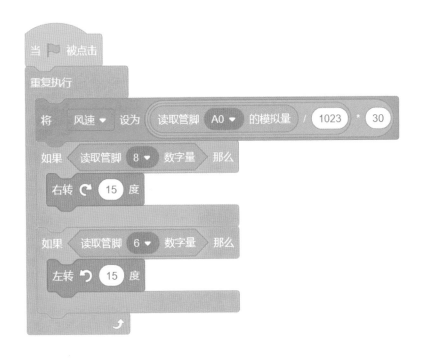

（2）设定旋转方向

当绿色按键被按下时，风车向右顺时针旋转。当按下红色按键时，风车向左逆时针旋转。整个过程是循环执行的，所以需要添加循环执行命令，设定旋转方向参考程序如下图所示。

第 三 步　搭建风车旋转脚本

　　按动按键，你的小风车是不是开始旋转了呢？如果是，那么恭喜你，风车旋转的效果已经初步实现了！但是不管风速值是多少，风车的转速并不会改变。我们还需最后一步，把风速值拖到旋转角度参数槽中，设定旋转角度程序如下图所示。

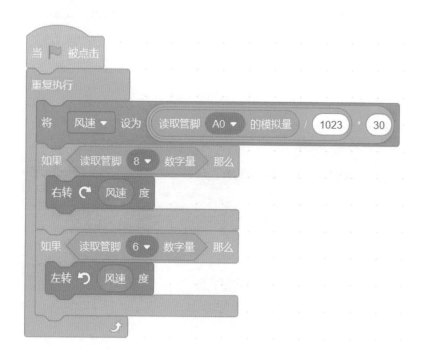

超有趣的科学小实验：Arduino+图形化编程

探究发现

"风车转转转"的程序已经编写完毕，最终的效果如下图所示。

现在单击绿旗运行程序，记录风车的旋转周数与风力的关系吧！测试表格如下表所示。

风速	风车旋转 30 周所需时间 /s	备注
1		
2		
3		
4		
我的发现		

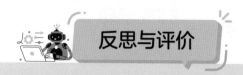

反思与评价

（1）想一想

在测试风车的旋转周数与风力的关系时，我们设计的是记录风车旋转 30 周所需的时间，如果转速快可能会导致无法准确数出风车旋转周数，怎样修改程序能够使测试更简便呢？

（2）分享

通过本节课程的学习，我们已经基本掌握了使用格物编程和物灵板旋钮来探究风车转速与风速之间的关系的方法，将本课的收获与朋友、家人一起分享吧！

实验背景 ◎··············

在日常生活中，镜子的出现让人们的生活变得更加便捷，例如：它可以让驾驶汽车的司机，通过后视镜时刻关注车后的状况，保证行驶安全；也可以帮助医生，通过额镜来观察病人的某些部位是否存在问题，保证人们的身体健康。

实验任务 ◎··············

在科学课中，我们利用平面镜实验初步了解了光的反射原理，本课来亲自动手制作一个漫反射自动门，进一步探究反射原理。使用物灵板和红外避障传感器制作一个能够自动开关门的软件，通过红外避障传感器来检测通过反射光束是否发生变化，若有变化，则门自动打开；若没有变化，则门保持关闭状态。

小知识：当一束平行光触及光滑物体表面时，光线发生规律性反射，反射后的光线也相互平行，这就是光的反射原理。而一般物体的表面多粗糙不平，虽然入射光线为平行光线，但反射后的光线则向各个方向分散，此种现象为光的漫反射。人眼之所以能看清物体的全貌，主要是靠漫反射光在眼内的成像。

红外避障传感器是一种集发射器和接收器于一体的光电传感器。当有被检测物体经过时，物体会将传感器发射器发射的足够量的光线反射到接收器上。于是，就产生了开关信号。

材料和工具 ◎··············

◎ 物灵板 1 块

◎ 红外避障传感器 1 个

◎ 数据连接线 1 根

◎ 杜邦线若干

◎ 安装有格物编程软件的电脑 1 部

实验参考与步骤

（一）硬件连接

将红外避障传感器与主控板连接如下表所示。

主控板	红外避障传感器	功能
5V（V）	VCC	电源正极
Gnd（G）	GND	电源负极
D13（S）	S	数字接口

连接后如下图所示：

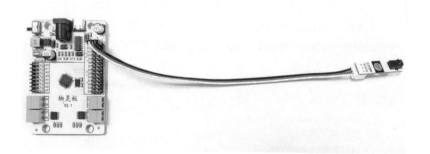

（二）程序设计

1. 创建舞台和角色

单击"背景库"按钮，在背景库中单击"绘制"选项，操作如右图所示。

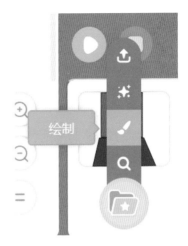

使用画笔工具绘制"开门"和"关门"两个背景，如下图所示。

"关门"背景：

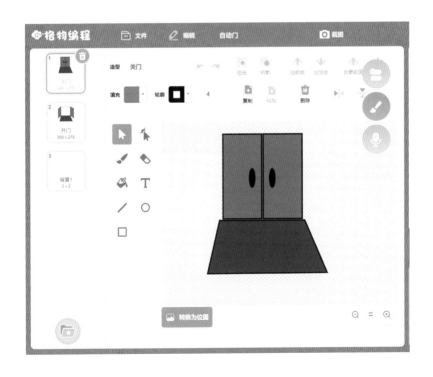

"开门"背景:

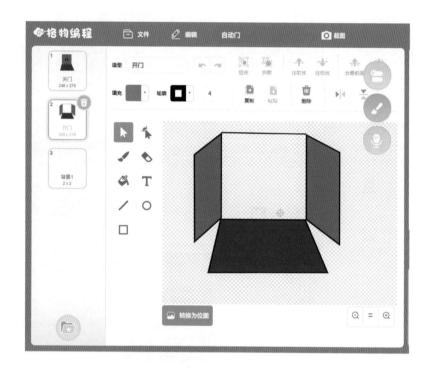

2. 搭建脚本

单击扩展，选择"stem 科学探究"，如下图所示。

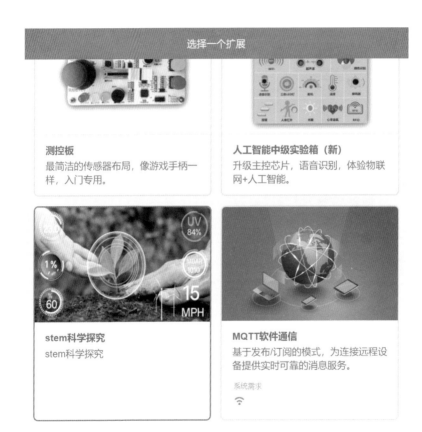

科学探究的扩展模块所含积木如下图所示。

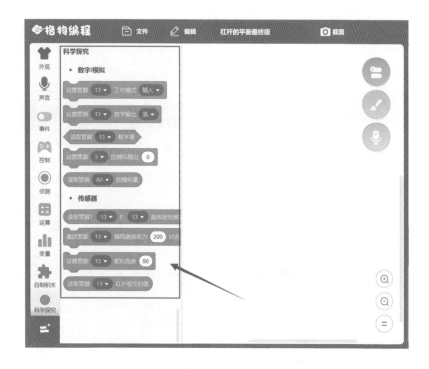

超有趣的科学小实验：Arduino+图形化编程

接下来对角色进行编程。

当绿旗被点击时，背景切换为"关门"背景。当红外避障传感器检测到反射后光线数值发生变化，则将背景切换为"开门"。当未接收到光线数值的变化，则背景切换为"关门"。

注意，读取管脚 13 可以在科学探究的扩展模块中找到。

参考程序如下图所示。

探究发现

"自动门"的程序已经编写完毕，最终的效果如下图所示。

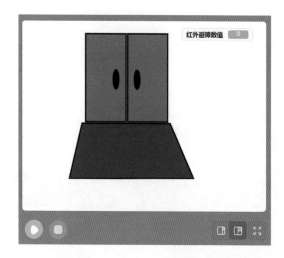

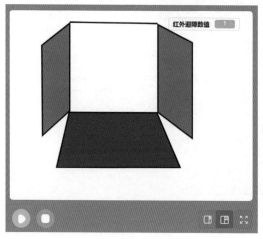

现在单击绿旗运行程序，当红外避障传感器检测到反射后光线数值的变化，则门打开，若未发生变化，则门关闭。

反思与评价

（1）想一想

在示例程序中，自动门都是随着检测光束的变化而打开的，但是在人走进门的过程中，可能会出现检测不到数值的现象，出现安全隐患，如何让自动门能够持续开门一小段时间呢？

（2）分享

通过本节课程的学习，我们已经基本掌握了使用物灵板和红外避障传感器控制自动门的方法，将本课的收获与朋友、家人一起分享吧！

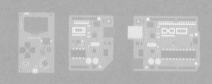

声光双控灯

实验背景

随着科技的进步，智能家居已经逐渐走进了人们的生活。我们的校园就有着许多智能设备。楼道里安装着许多漂亮智能的楼道灯。但是在很多地方，楼道灯还是按键式的，非常不方便。接下来，我们就一起来做一个不用按键也能控制开关的智能灯。

实验任务

灯的亮起与熄灭是通过控制电路的闭合与断开来实现的，那么我们可以让声音与光线作为控制电路的关键，从而能够制作一个由声音的大小和光线的强弱控制的声光双控灯。使用物灵板和声音传感器、光敏传感器制作一个智能声光双控灯，当检测到出现声音，以及光线数值较小时，声光双控灯能够自动亮起。

材料和工具

◎ 物灵板 1 块

◎ 声音传感器 1 个

◎ 光敏传感器 1 个

◎ LED 灯 1 个

◎ 数据连接线 1 根

◎ 杜邦线若干

◎ 安装有格物编程软件的电脑 1 部

（一）硬件连接

将声音传感器和光敏传感器与物灵板连接如下表所示。

主控板	声音传感器	光敏传感器	LED 灯	功能
5V（V）	VCC	VCC	VCC	电源正极
Gnd（G）	GND	GND	GND	电源负极
A2（S）	S			模拟接口
A3（S）		S		模拟接口
D5（S）			S	数字接口

连接完成后如下图所示。

（二）程序设计

1. 创建舞台和角色

（1）创建舞台

单击"选择一个背景"按
钮，操作如右图所示。

需要创建两个舞台，首先
在背景库中选择"户外"选项，
接着选择"睡房"背景，并重
命名为"开灯"，背景如下图
所示。

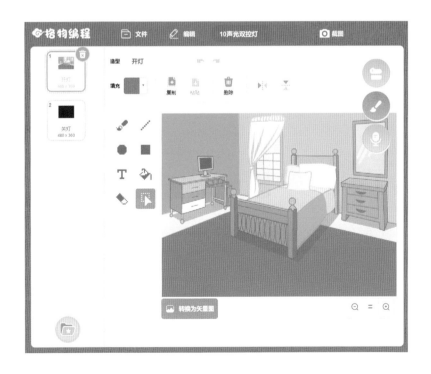

接下来，使用画笔工具绘制第二个舞台，命名为"关灯"。舞台如下图所示。

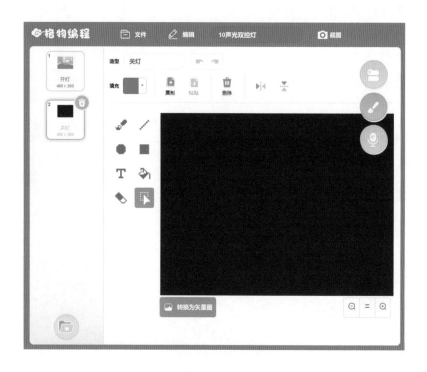

超有趣的科学小实验：Arduino+图形化编程

（2）添加角色

删除默认的角色，接着我们来创建新的角色，单击"角色库"按钮，在角色库内利用"绘制"功能，绘制一个台灯，并重命名为"台灯"，如下图所示。

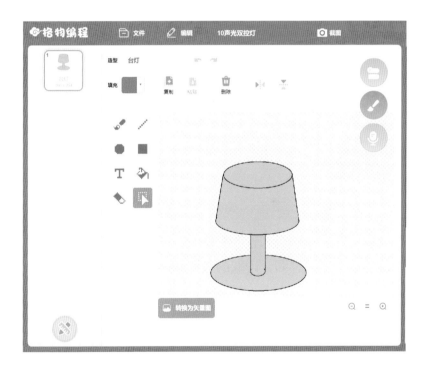

2.搭建脚本

第 一 步 搭建"舞台"脚本

当绿旗被点击时，将背景切换为"关灯"，如果声音传感器的数值大于 50 且光敏传感器检测到的数值小于 100 时，广播"开灯"，将背景切换为"开灯"，同时点亮 5 号管脚的 LED 灯，等待 10 秒。如果声音传感器的数值小于 50，或者光敏传感器的数值大于 100 时，则广播"关灯"，将背景切换为"关灯"，熄灭 5 号管脚的 LED 灯。

> **注意**
>
> 声音越大，声音传感器读取的数值越大；声音越小，读取的数值越小。光线越强，光敏传感器读取的数值越大；光线越弱，读取的数值越小。

程序如下图所示。

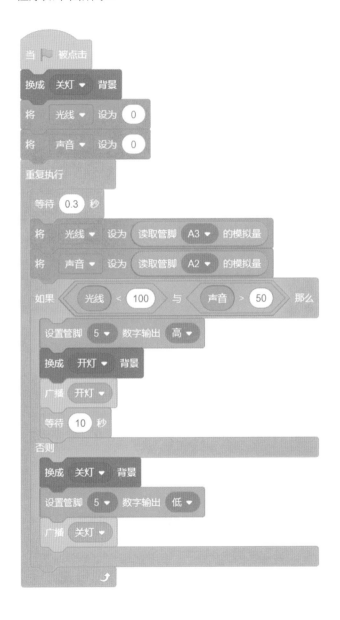

当接收到"关灯"消息的时候,"台灯"角色隐藏,当接收到"开灯"消息的时候,"台灯"角色显示。

程序如下图所示。

"声光双控灯"的程序已经编写完毕，最终的效果如下图所示。

现在单击绿旗，运行程序，声音传感器的数值大于50且光敏传感器检测到的数值小于100时，屋内的灯光亮起。

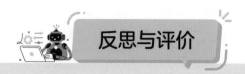

（1）想一想

在示例程序中，是一个 LED 灯亮起，如何制作一个根据声音的大小和光线的强弱而发出不同颜色的 LED 灯呢？

（2）分享

通过本节课程的学习，我们已经基本掌握了使用物灵板和声音传感器、光敏传感器来制作声光双控灯的方法，将本课的收获与朋友、家人一起分享吧！

第15课
智能浇花神器

实验背景 ◎···············

　　寒暑假到了，教室里的花草无人照料，时间长了它们"渴"了怎么办？想把花草搬回家照料，可是搬来搬去也不方便。看来，是时候制作一个"智能浇花神器"来帮助我们守护花草了！

实验任务 ◎···············

　　在科学课种植实验中，我们知道植物的生长需要适宜的水分，实验中，我们可以定时给植物浇水，从而保证土壤湿度适合植物生长。我们还可以使用物联板和土壤湿度传感器、水泵等制作一个实时测量土壤湿度值，并能根据土壤湿度值自动判断浇水与否的"智能浇花神器"：当土壤相对湿度值小于20时，指针指向"干燥区域"，水泵启动，为植物浇水；当土壤相对湿度值大于20且小于40时，指针指向"干燥2区域"；当土壤相对湿度值大于40且小于60时，指针指向"适宜区域"；当土壤相对湿度值大于60且小于80时，指针指向"适宜2区域"；当土壤相对湿度值大于80时，指针指向"潮湿区域"。

　　小知识：土壤湿度亦称土壤含水率，是表示土壤干湿程度的物理量，土壤湿度传感器是专门用来测量土壤湿度的元器件。

材料和工具 ◎···············

◎ 物灵板1块　　　　　　　　◎ 电源插头1个

◎ 土壤湿度传感器1个　　　　◎ USB电源线1根

◎ 水泵1个　　　　　　　　　◎ 安装有格物编程软件的电脑

◎ 数据连接线1根　　　　　　　　1部

◎ 杜邦线若干

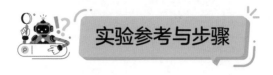

实验参考与步骤

（一）硬件连接

将土壤湿度传感器、水泵与物灵板连接如下表所示。

主控板	土壤湿度传感器	水泵	功能
5V（V）	VCC	VCC	电源正极
Gnd（G）	GND	GND	电源负极
A0（S）	S		模拟接口
D4、D5 电机接口		水泵端子	电机接口

连接后如下图所示。

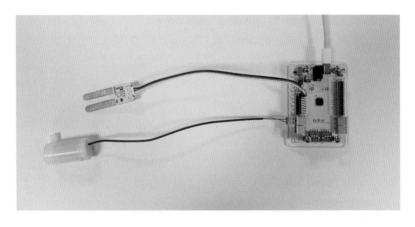

接线技巧

土壤湿度接在 A0 模拟口。

（二）程序设计

1. 创建舞台和角色

（1）创建舞台

单击"选择一个背景"按钮，选择"上传背景"，如下图所示。

在弹出的对话框中选择"教室"背景，单击"确定"，并调整至适应大小。背景如下图所示。

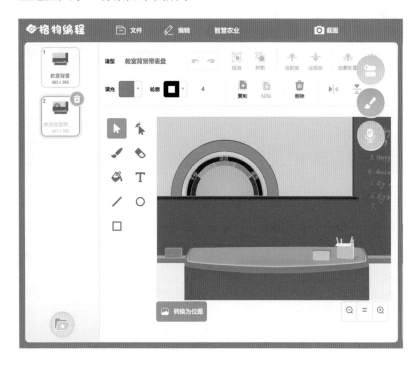

（2）添加角色

删除默认的角色，接着我们来创建新的角色，单击"选择一个角色"按钮，选择"上传角色"，在弹出的对话框中找到"植物"角色上传，如右图所示。

按照上述方法添加"指针"角色，把指针的中心位置对准角色的中心位置，并且将指针大小调整为50，如下图所示。

2. 搭建脚本

第 一 步 定义变量

新建"土壤湿度"变量，单击科学探究模块分组中的变量，接着单击"新建变量"按钮，输入"土壤湿度"变量名，单击确定按钮，如右图所示。

第 二 步 搭建"指针"角色脚本

指针脚本：如下图所示，在一个半圆中，干燥、适宜、潮湿将半圆分割成 5 个区域。所以，我们可以定义这 5 个区域，如：干燥、干燥 2、适宜、适宜 2、潮湿。每个区域都有一个对应的指针脚本。

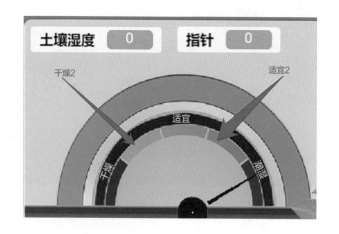

通过测试我们可以定义这 5 个指针的脚本，即干燥脚本、干燥 2 脚本、适宜脚本、适宜 2 脚本、潮湿脚本，参考程序如下图所示。

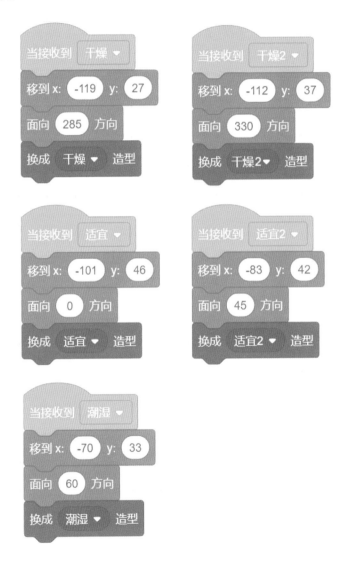

第 三 步　搭建"植物"角色脚本

把土壤湿度传感器分别放在干土和水中，土壤湿度传感器测得的数值分别为 106（为方便计算我们可以取 110）和 610，如下图所示。

为了方便，我们先计算一下土壤湿度和指针的联系。我们背景中的指示区域一共分割了 5 份，（610–110）/5=100。所以，土壤湿度的数据除以 5 设为指针值。

参考程序如下图所示。

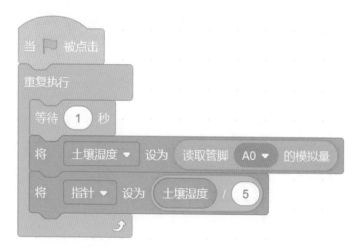

（1）"干燥区域"程序

当绿旗被单击时，土壤传感器实时获取土壤湿度数值。当指针值小于 20 时，发送广播"干燥""开启浇水"，说"请浇水"，等待 1s，参考程序如下图所示。

（2）"干燥 2 区域"程序

当指针值大于 20 且小于 40 时，广播"干燥 2"，参考程序如下图所示。

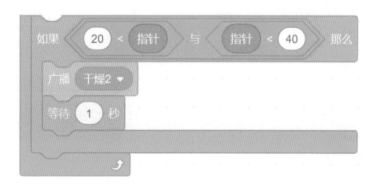

（3）"适宜区域"程序

当指针值大于 40 且小于 60 时，广播"适宜"，参考程序如下图所示。

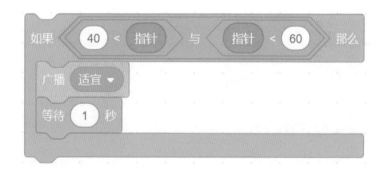

（4）"适宜2区域"程序

当指针值大于60且小于80时，广播"适宜2"，参考程序如下图所示。

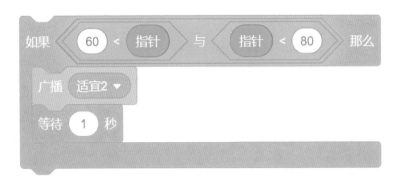

（5）"潮湿区域"程序

当指针值大于80时，广播"潮湿""停止浇水"，参考程序如下图所示。

植物角色完整程序如下图所示。

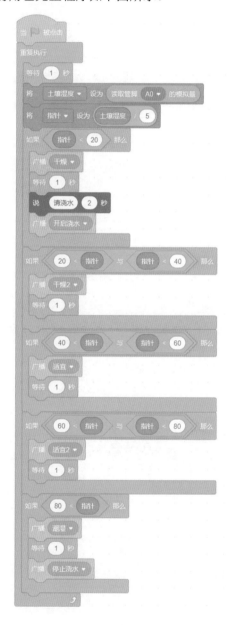

超有趣的科学小实验：Arduino+图形化编程

当土壤处于干燥状态时，设置和物灵板连接的水泵为高电平，开启浇水；当土壤处于潮湿状态时，设置和物灵板连接的水泵为低电平，停止浇水。

程序如下图所示。

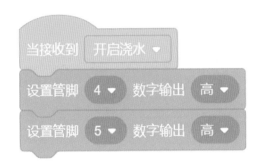

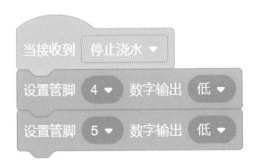

"智能浇花神器"的程序已经编写完毕，最终的效果如下图所示。

现在单击绿旗，运行程序，把土壤湿度传感器放在栽有不同植物的土壤中，分别测试它们的最佳适宜湿度，并记录在下表中，为植物们"量身定做"智能浇花神器吧！

植物名称	适宜湿度范围	备注
仙人掌		
绿萝		
芦荟		
文竹		
我的发现		

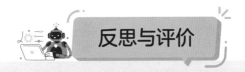

反思与评价

（1）想一想

在示例程序中，只有在土壤相对湿度小于 20 时实现自动浇水，针对不同的植物，如果土壤相对湿度过大，如何添加自动报警功能呢？

（2）分享

通过本节课程的学习，我们已经基本掌握了使用物灵板和土壤湿度传感器来探究不同植物的适宜土壤湿度并设计"智能浇花神器"的方法，将本课的收获与朋友、家人一起分享吧！

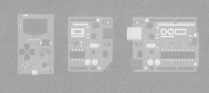

第16课
智能导盲系统

实验背景 ◎⋯⋯⋯⋯

"非禽非兽小眼窝，自小掌握超声波，旋转追逐样样会，捕捉蚊虫更利索"描述的是昼伏夜出的蝙蝠。蝙蝠能够利用超声波准确地定位障碍物，捕捉蚊虫，而盲人却因为无法看到障碍物导致磕碰受伤，利用蝙蝠的超声波原理，可以为盲人设计一个导盲系统，实现避障的效果。

实验任务 ◎⋯⋯⋯⋯

在科学课中，我们知道发声体振动时，通过介质（如空气、水、固体）传播的机械波叫作声波。频率为 20kHz～1GHz 的声波称为超声波，人类是听不到的。这些超声波在传播过程中碰到其他物体，就会立刻被反射回来，根据返回的时间就可以计算出与障碍物之间的距离，进而准确地绕开障碍物实现避障功能。我们可以使用物灵板和超声波传感器、舵机、蜂鸣器制作一个智能避障系统，舵机带动超声波 180°"巡视"，如果与障碍物的距离小于 20cm，蜂鸣器响起，提醒注意避障。

材料和工具 ◎⋯⋯⋯⋯

- ◎ 物灵板 1 块
- ◎ 蜂鸣器 1 个
- ◎ 超声波传感器 1 个
- ◎ 舵机 1 个
- ◎ 数据连接线 1 根
- ◎ 杜邦线若干
- ◎ 电池 1 组
- ◎ 安装有格物编程软件的电脑 1 部

实验参考与步骤

（一）硬件连接

连接接口如下表所示。

主控板	超声波传感器	舵机	蜂鸣器	功能
5V（V）	VCC	红色线（VCC）	VCC	电源正极
Gnd（G）	GND	棕色线（GND）	GND	电源负极
13	E			模拟接口
12	T			模拟接口
D6			S	数字接口
D9		黄色线（S）		数字接口

连接后如下图所示。

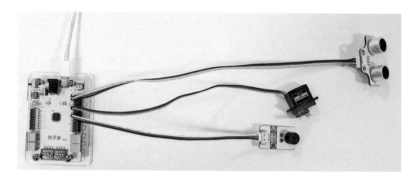

超声波白色线接 12，黄色线接 13，舵机接 D9，蜂鸣器接 D6。

小知识

舵机

舵机是一种位置（角度）伺服的驱动器，其工作过程是把所接收到的电信号转换成电动机轴上的角位移或角速度输出，它广泛应用于人形机器人或多足机器人中。本节课所用的舵机最大转动角度为 180°，舵机内部为机械结构，每个角度的转换需要一定的时间。

（二）程序设计

1. 切换编程模式

打开格物编程，选择"stem 科学探究"，操作如下图所示。

测控板
最简洁的传感器布局，像游戏手柄一样，入门专用。

人工智能中级实验箱（新）
升级主控芯片，语音识别，体验物联网+人工智能。

stem科学探究
stem科学探究

MQTT软件通信
基于发布/订阅的模式，为连接远程设备提供实时可靠的消息服务。

系统需求

尝试控制舵机旋转，舵机旋转范围是 0°～180°，所以我们可以通过设置一个舵机旋转的角度来测试。舵机每次旋转固定的角度，观察舵机旋转情况。

首先建立一个变量，命名为舵机旋转，如下图所示。

参考程序如下图所示。

程序每隔一秒执行下一次的旋转角度，方便我们观察舵机的运转情况（需要使用电池给物灵板供电）。

2. 测试超声波传感器

在科学探究模块分类中，定义一个新的变量——超声波的距离，其操作步骤和定义角度相同。将超声波传感器读取的值设置为 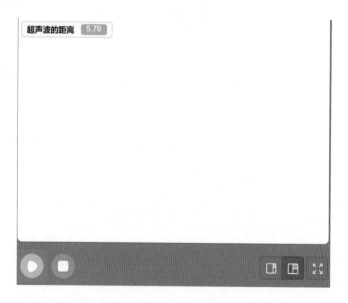 ，参考程序如下图所示。

观察超声波距离。点击下图中的绿色按钮，查看超声波测得的数值。

超有趣的科学小实验：Arduino＋图形化编程

3. 搭建智能防撞系统脚本

通过调整舵机角度值让舵机带动超声波传感器180°"巡视"。

（1）舵机正转180°

舵机角度变量每次增加10，直至数值等于180°，如下图所示。

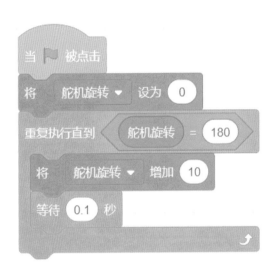

把舵机角度变量赋值给舵机对应的代码块。

实现舵机顺时针旋转 180°的效果。

增加预警脚本，增加蜂鸣器。当与目标距离靠近时，蜂鸣器响起。我们可以通过数据比较来实现。如果数值小于 20cm，则蜂鸣器响起，参考程序如下图所示。

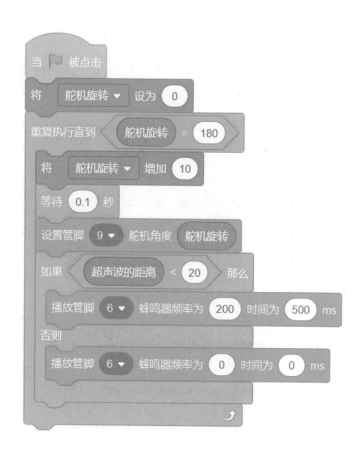

超有趣的科学小实验：Arduino+图形化编程

（2）舵机倒转 180°

当舵机角度变量值等于 180° 时，我们设置舵机角度变量每次减少 10，从而实现舵机从 180° 倒转到 0° 的效果，程序如下图所示。

整体参考程序如下图所示。

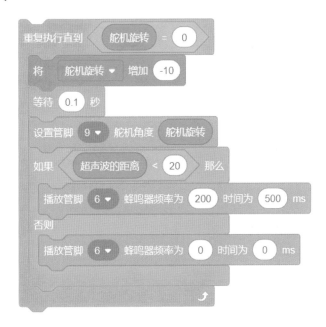

超有趣的科学小实验：Arduino+图形化编程

屏幕可以实时显示数据，如下图所示。

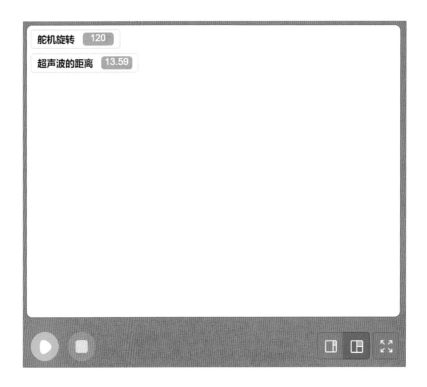

把舵机超声波传感器固定在一起，就可以实现舵机带动超声波传感器180°"巡视"障碍物的效果了。

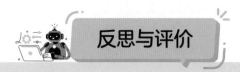

反思与评价

（1）想一想

在示例程序中，舵机带动超声波传感器180°水平"巡视"，再添加一组舵机和超声波传感器，使其能够垂直"巡视"。

（2）分享

通过本节课程的学习，我们已经基本掌握了使用物灵板和舵机、超声波传感器对障碍物进行"巡视"的方法，将本课的收获与朋友、家人一起分享吧！

科学探究配件清单		
主控板	名称	数量
	物灵板	1
硬件	蜂鸣器	1
	旋钮	1
	滑杆	1
	绿色按键	1
	红色按键	1
	震动传感器	1
	LM35 温度传感器	2
	声音传感器	2
	超声波传感器	1
	光敏传感器	1
	红外避障传感器	1
	土壤湿度传感器	1
	LED 红灯	1
	LED 绿灯	1
	舵机	1
	水泵	1
其他	烧杯	1
	杜邦线	不少于 4 根

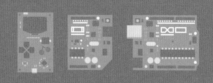

参考文献

[1] 罗文文 . Scratch 物理创意编程 [M]. 北京 : 清华大学出版社，2020.

[2] 吴俊杰，梁森山 . Scratch 测控传感器的研发与创意应用 [M]. 北京 : 清华大学出版社，2014.